江西理工大学优秀博士论文文库基金资助

中小型露天矿
边坡稳定性影响因素挖掘
及动态评价

肖海平 ⊙ 著

中南大学出版社
www.csupress.com.cn

图书在版编目（CIP）数据

中小型露天矿边坡稳定性影响因素挖掘及动态评价／
肖海平著. —长沙：中南大学出版社，2021.7
　ISBN 978-7-5487-4427-6

　Ⅰ. ①中… Ⅱ. ①肖… Ⅲ. ①露天矿—边坡稳定性—
影响因素—研究 Ⅳ. ①TD804

　中国版本图书馆 CIP 数据核字（2021）第 081681 号

中小型露天矿边坡稳定性影响因素挖掘及动态评价

ZHONGXIAOXING LUTIANKUANG BIANPO WENDINGXING YINGXIANG YINSU WAJUE JI DONGTAI PINGJIA

肖海平　著

□责任编辑	韩　雪	
□责任印制	唐　曦	
□出版发行	中南大学出版社	
	社址：长沙市麓山南路	邮编：410083
	发行科电话：0731-88876770	传真：0731-88710482
□印　　装	长沙印通印刷有限公司	

□开　本	710 mm×1000 mm 1/16	□印张 9.75	□字数 174 千字
□版　次	2021 年 7 月第 1 版	□2021 年 7 月第 1 次印刷	
□书　号	ISBN 978-7-5487-4427-6		
□定　价	68.00 元		

图书出现印装问题，请与经销商调换

前 言

随着社会经济发展对矿产资源需求的不断增长,矿山(特别是中小型矿山)的过度开采及管理的缺失,致使露天矿边坡经常发生各种大大小小的地质灾害,并造成了重大的人员伤亡和财产损失。有效分析和评价边坡的变化趋势及其稳定性状态,是保障矿山安全生产管理和防治的重要技术手段,也是边坡工程中一项非常重要的研究内容。

本书以越堡露天矿西侧HP1边坡为研究对象,综合利用理论分析、现场实测、数学建模、数值模拟、对比分析、实例验证等技术手段和方法,围绕中小型露天矿山边坡"变形监测异常数据的修复、边坡稳定性影响因子(评价指标)的挖掘、边坡危险性动态评价模型的建立、影响因素的耦合性分析、边坡防治分析"等五个科学问题进行研究和分析。研究成果可为矿山边坡防灾、减灾、救灾等提供重要的技术依据和决策支持,也为实现矿山管理的科学化、系统化、定量化奠定基础,对社会经济发展具有重要的现实意义和深远的社会意义。

全书共分为6章:第1章主要综述了本书研究意义和矿山边坡变形监测技术及稳定性分析国内外研究进展的基本概况;第2章主要介绍了越堡露天矿研究区工程地质环境;第3章主要介绍了露天矿边坡变形监测异常数据时空插值方法的构建;第4章主要介绍了露天矿边坡稳定性评价指标的挖掘及机理分析;第5章主要介绍了露天矿边坡稳定性动态评价及其因素耦合性分析;第6章主要介绍了露天矿HP1边坡防治方案设计及应用。

在此,特别感谢我的博士导师中国矿业大学郭广礼教授的精心指导和无私帮助。在本书的撰写过程中,得到了江西理工大学土木与测绘工程学院院长兰小机教授,硕士生导师马大喜教授,测绘工程系刘小生教授、李沛鸿教授、徐昌荣教授以及其他老师的大力支持,在此表示衷心感谢!此外,感谢广东省有色地质测绘院虞列沛院长,越堡露天矿李玮总工在本书撰写过程中提供的资料。感谢书中参考文献的作者们。

本书可供高等院校测绘工程、采矿工程、岩土工程及相关专业教师、博士和硕士研究生、高年级本科生研读,还可为从事边坡变形监测及其稳定性研究的科技工作者及工程技术人员提供参考。

本书的出版得到了江西理工大学优秀学术著作出版基金和江西理工大学高层次人才科研启动项目(jxxjbs19032)的资助,在此一并表示感谢!

由于作者水平及经验有限,书中难免存在错漏之处,恳请读者批评指正,不胜感激。

编　者

2021 年 3 月

目　录

第1章 概述

1.1 中小露天矿山边坡开采特点

随着社会经济建设对矿产资源需求的快速增长，矿山企业不断加大采矿力度，导致我国出现了大量的露天矿边坡。但是，由于露天矿边坡特别是中小型露天矿边坡受自然环境、地质环境以及外界扰动等因素的影响，加之企业长期以来不注重有效的管理，并且在安全投入方面存在严重短缺等问题，致使各类灾害事故特别是滑坡(崩塌)事故时有发生，给企业员工、设备及周边的民众带来了巨大的生命和财产安全隐患，严重制约着区域经济和社会的可持续发展。表1-1简单列举了近年来我国部分露天矿边坡发生山体滑坡等灾害事故的情况统计。由于边坡滑坡灾害的不断发生，边坡的安全性及稳定性问题越来越多地得到了各级管理部门的重视，而对边坡进行稳定性分析也已成为相关领域专家和学者研究的热点方向。

表 1-1　近年来我国部分露天矿发生山体滑坡事故统计

序号	发生时间	地点	事故情况
1	2008 年 08 月 01 日	山西尖山铁矿	45 人死亡，1 人受伤
2	2009 年 06 月 05 日	武隆区鸡尾山铁矿	78 人失踪，26 人死亡
3	2011 年 11 月 27 日	广西苍梧县稀土矿	7 人死亡
4	2012 年 07 月 31 日	新疆伊犁一铁矿	18 人死亡，10 人失踪
5	2013 年 03 月 29 日	黄金集团西藏甲玛矿区	83 名工人被埋
6	2014 年 05 月 22 日	河源金龙畲营瓷土矿区	6 人死亡，1 人重伤
7	2015 年 01 月 19 日	茂名飞鼠岭矿山	1 人被埋
8	2015 年 08 月 03 日	内蒙古宝塔油页岩有限公司露天矿	6 人被埋
9	2015 年 12 月 31 日	乌鲁木齐柴窝堡石灰石矿山	2 人被埋
10	2016 年 09 月 06 日	玉溪市红塔区采石场	1 人死亡，1 人受伤
11	2017 年 08 月 11 日	和顺吕鑫煤业边坡	9 人死亡，1 人受伤
12	2018 年 06 月 24 日	山西刁窝露天煤矿采区	2 人死亡

注：表中相关资料及数据摘自于搜狐等网络媒体。

但是，与大型露天矿山不同，中小型露天矿山（根据国土资发〔2004〕208 号文件规定，一般来说，年产量小于 100 万吨的金属、非金属矿山属于中小型矿山）边坡的开采、生产、技术水平、管理及投入等方面，有其自身的特点和存在的问题，当其受到各种内外界因素影响的时候，极容易发生各种灾害事故。

1.矿山规模较小，开采技术落后，设备较为老旧

中小型露天矿边坡规模较小，坡度较大，平台较窄，作业环境较差，直接影响到矿山人员和设备的安全以及边坡本身的稳定性。此外，由于经费的短缺，企业对各种设备、设施的投入相对较少，导致开采技术落后，设备较为老旧，更新不及时。

2.专业技术水平较低

对于我国金属非金属矿山中小型企业来说，具有专业技术水平的员工较少，技术力量相对薄弱。此外，矿山企业也不太注重对从业人员的安全培训，教育效果不甚理想，导致员工综合素质及技术水平较低。

3. 缺乏有效的管理，安全投入不足

对于中小型露天矿边坡来说，由于企业过度追求经济效益，忽视了对边坡安全经费的投入，并且对矿山边坡的安全监测及稳定性评价等工作重视程度不够。此外，多数企业没有建立边坡管理机构和边坡事故应急救援体系，缺乏有效的边坡管理制度，管理技术水平较低。

为逐步消除地质灾害，加强防治，国务院于 2011 年发布了《关于加强地质灾害防治工作的决定》（国发〔2011〕20 号）的文件，要求对灾害进行全面、深入地调查和研究，并利用先进的技术和方法，评价和预测灾害发生的时间和规模，以实现及时预报，并采取有效的措施加以防治，建立地质灾害调查评价体系、监测预警体系、防治体系和应急体系。

广州市越堡露天矿山经过 20 多年的开采，已成为一年产值为 50 万吨左右的典型凹陷型石灰石露天矿山，如图 1-1 所示，属于中小型露天矿山。但自 2016 年 10 月以来，该矿山西侧 HP1 边坡体在连续强降雨条件下发生了滑坡类地质灾害，严重影响矿山的安全生产。鉴于此，本书以该边坡为研究对象，深入开展中小型露天矿边坡稳定性影响因子的挖掘、稳定性动态评价、监测数据异常性修复及其防治分析等进行研究和分析，为矿山边坡防灾、减灾、救灾等提供重要的技术依据和决策依据，也为实现矿山管理的科学化、系统化、定量化奠定基础，对社会经济发展具有重要的现实意义。

图 1-1 越堡露天矿山全景图

1.2 矿山边坡变形监测方法概述

对于边坡变形监测技术方法的研究，国内外学者做了大量的、较为详细的研究和分析。从查阅的相关参考文献可以看出，边坡变形监测技术从最初的人工皮尺等简单仪器，逐渐转向使用电子光学仪器，而现在又进一步朝着自动化、全天候、高精度、无线传感、分布式、可远程监控等方向发展，并都取得了不错的成绩。现将边坡变形监测技术方法介绍如下。

1.传统大地测量方法

传统大地测量法主要是采用经纬仪、水准仪、测距仪等对边坡进行变形监测，这种方法需要在边坡体上布设监测点，并通过定期的观测，获取监测点的大地坐标，以分析监测点的变化趋势。该方法发展到现在，已经相当成熟，所监测的数据有较强的可靠性，并且监测成本也比较低，但是由于其监测效率较低、工作量大、周期长，难以实时监测地表位移的变化，而且光学仪器受环境气候及地形条件的影响较大，现逐渐被其他监测方法所取代。

2.测量机器人技术

测量机器人(georobot)是一种可以替代人工自动搜索、跟踪、辨识和精确瞄准目标并获得角度、距离、高程及三维坐标等数据的电子全站仪，它能够实现测量的自动化和智能化，在进行小区域变形监测时，其具备高精度、方便快捷、远程无接触监测等优势。Manconi 将 RTS 测量数据应用于滑坡三维变形模型，所建立的模型将复杂的滑坡变形进行了简化，取得了良好的效果，并得到了有关部门的支持。徐茂林等采用 TM30 测量机器人对鞍山某露天矿进行边坡位移监测，并建立了变形监测预警系统，其研究表明，相比于传统测量方法，该系统实现了变形监测数据的自动采集、处理和预警的一体化，极大地提高了测量效率、降低了成本。宁殿民等采用 TM30 测量机器人对排岩场进行位移监测，并对其观测数据进行了分析和论证，研究结果具有很强的可靠性和可行性。

3."3S"技术

"3S"技术是全球定位系统(global positioning system, GPS)、遥感技术(remote sensing, RS)、地理信息系统(geographic information system , GIS)三者的统称，它

在进行边坡监测时，各监测点间不需要彼此互相通视，其自动化程度高，具有远程、全天候、实时、高精度等优点。Kim 等利用 GPS 对露天矿边坡局部变形监测进行了初步研究。赵海军等为研究甘肃金川龙首矿露天边坡的稳定性状态，建立了 GPS 变形监测控制网，以获取监测点的三维位移变形数据，在此基础上，结合数值模拟结果，研究表明该矿山边坡是稳定的。王劲松等为分析公路高边坡的变形趋势，构建基于 GPS 一机多天线的边坡变形监测系统，研究结果表明，其定位精度高、生产成本低，具有很强的可行性。Wang 等在波多黎各和维尔京群岛建立了一个稳定的局部参考坐标系进行高精度 GPS 滑坡监测。Xiao 等采用连续观测 GPS 的方法对瀑布沟水电站移民安置区山体滑坡进行实时监测，结果显示连续 GPS 监测系统可用于监测快速位移和灾害预警。许波等将 GIS 与 SPH 粒子算法相结合，建立了唐家山滑坡灾害仿真分析模型，研究结果表明，该模型模拟结果具有较强的可行性和实用性，可为边坡的防灾、减灾、救灾提供技术支持和重要参考。James 等基于 GIS 技术对卡纳塔克邦地震引起的滑坡灾害状态进行评估。刘军等为解决传统方法在评价边坡稳定性中存在的不足，提出采用无人机遥感技术构建边坡三维数字模型，实现了对边坡整体变形的动态监测。Akbar 等将 GPS、GIS 和 RS 相集成的技术应用于巴基斯坦西喜马拉雅—卡格汉山谷的滑坡灾害区划图，取得了良好的效果。李蕾等为评价毕节市滑坡危险性状态，将 RS 与 GIS 相结合的方法构建出边坡危险性评价指标体系，在此基础上，建立基于层次分析法的滑坡危险性评价模型，其研究结果与实际相一致。

4. 地面三维激光扫描(terrestrial laser scanning，TLS)技术

三维激光扫描是一种远程无接触式测量方法，它是通过扫描的方式获取边坡体的点云数据，并将其直观、形象地体现出来，具有测量速度快、数据分布均匀、精度高等优点。马俊伟等为解决传统方法在边坡变形监测数据量不足的问题，将三维激光扫描引入到滑坡边坡监测中，并采用物理模拟的方法，分别利用不同的方法分析其变形趋势，研究结果表明，该方法测量精度高，可以用边坡整体变形趋势和位移的分析。徐进军等以 GPS 和全站仪变形监测数据为基础，利用三维激光扫描的方法，收集并计算这些变形监测点数据，并对其进行对比分析，研究结果表明，该方法具有很强的适用性和可行性，能够用于边坡变形分析。Zeybek 等利用远程地面激光扫描仪对土耳其科尼亚肯特滑坡进行精度测定，取得了良好的效果。Marsella 等以意大利弗卡诺岛边坡为例，利用地面激光扫描生成的详细三

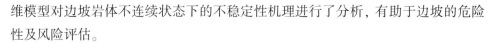

维模型对边坡岩体不连续状态下的不稳定性机理进行了分析，有助于边坡的危险性及风险评估。

5. InSAR 技术

InSAR 技术是一种新型的边坡监测方法，因其高精度、全天候、设站灵活、实时连续观测等特点，目前正受到众多科研工作者的青睐和认可，并都取得了一定的成绩。Achache 等首次利用 6 种来自 ERS-1 获取的不同 SAR 干涉图像对法国南部某处滑坡进行了分析，研究结果表明，将该方法用于监测小位移滑坡变形，其精度与地面监测方法保持一致，并提供了更为详细的地表位移描述，具有很强的可行性。Nishiguchi 等利用 PALSAR-2 数据对滑坡运动进行监测和精度评价，并与 GNSS 监测结果对比，研究表明 InSAR 结果精度更高。Xie 等利用 D-InSAR 技术对乌东德水电站水库进行了早期的滑坡监测，研究结果为山体滑坡的早期发现提供了一个可行的技术。Liao 等利用高分辨率 SAR 数据对三峡库区进行滑坡监测，能够较为准确地识别滑坡的精确位置、变形和时间范围。高斌斌等为分析降雨对边坡变形的影响，将地基 InSAR 用于神农架某一大型边坡，并对其进行监测实验，研究结果表明，该方法监测精度高，可以用于边坡滑动趋势的分析。杨红磊等将 GB-InSAR 用于露天矿边坡变形监测中，其研究方法与传统测量方法相比，具有高分辨率和高精度等优点，可用于边坡变形趋势的分析，并具有较强的可靠性。由此，从国内外研究成果可以看出，InSAR 技术用于大变形以及大型边坡的监测和分析，取得了良好的效果，并得到了较为广泛的应用。

6. 数字近景摄影测量技术

数字近景摄影测量是依据光学摄影测量的方法，对被测目标进行非接触式的测量并获取其变形的相关信息，以实现对非接触目标三维整体大面积的变形测量。Alameda 等采用近地面数字摄影测量监测软弱叶面岩质边坡的稳定性，并以阿尔布贾拉斯的软弱岩石为例，分析了它在岩石风化过程中所产生的误差。González 等用数字摄影测量法对准确测量滑坡引起的边坡变化方法进行了详细的阐述。李欣等为分析数字近景摄影测量在边坡变形监测中的可行性，采用物理模拟监测的方法，对其进行分析和对比，所得到的边坡位移与试验现象相吻合。王建雄将非量测数码相机的近景摄影测量方法用于库区边坡变形观测，结果表明，数字近景摄影测量精度高，能很好地解决库区边坡变形监测问题。

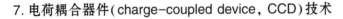

7. 电荷耦合器件（charge-coupled device，CCD）技术

CCD 技术被用于边坡变形监测领域是从 20 世纪 90 年代末开始的。该技术相对于传统边坡监测技术具有精度高、无接触、计算机处理、监测系统成本相对较低、适用于长期定点监测等优点，具有良好的应用前景。Sui 等将 CCD 用于透水条件下边坡稳定性试验研究的图像数据采集中。高杰等将 CCD 微变形监测技术应用于边坡远程监控中，其研究结果表明，与传统常规测量技术方法相比，其监测数据精度高、稳定性好，在对边坡进行长期监测中具有良好的适宜性。

8. 时域反射技术（time-domain reflectometry，TDR）

TDR 是一种应于边坡发生变形之前的监测方法，该方法是通过安装在钻孔中的同轴电缆传递的差异信息，以获取边坡变形前后的位置变化状态，从而获得其内部某一位置的变形量大小。谭捍华等为分析 TDR 技术在边坡变形监测中的可行性，通过室内剪切实验的方法，研究了相同剪切情况下不同型号同轴电缆对 TDR 波形的反映程度，并将其与钻孔测斜实测数据进行对比分析，研究结果表明，该方法用于边坡滑移位置的确定具有较强的可行性。唐然等将 TDR 用于丹巴滑坡深部位移变形监测中，其研究结果显示，与传统监测方法相比，该方法具有很强的优势。Yan 等将 TDR 技术用于三峡库区玉皇阁的滑坡变形监测，其研究结果表明 TDR 技术能够有效地监测滑坡深部变形，并能很好反映变形特征。

9. 分布式光纤传感技术

分布式光纤传感技术是在光时域反射（OTDR）技术的基础上发展起来的，它主要包括布里渊光时域反射（BOTDR）、布里渊光时域分析（BOTDA）、布里渊光频域分析（BOFDA）和光纤布拉格光栅（FBG）等。Wang 等采用 BOTDR 技术进行土质边坡监测，实验结果表明 BOTDR 技术对在人工土边坡的稳定性监测和人工边坡工程预警方面有良好的效果。Yan 等采用 BOTDA 分析土质边坡模型在浸润状态下的变形过程，研究结果为边坡滑动机制和预测边坡失稳提供了参考价值。Wang 等利用 FBG 测斜仪对滑坡进行监测，其研究结果表明 FBG 技术和极限平衡分析相结合，可以用来有效地评估滑坡的稳定性。Zhu 等开发了一种基于光纤布拉格光栅（FBG）技术的分布式光纤传感网络，并采用物理模拟的方法分析土钉加固边坡内部应变分布和位移的演变规律，研究结果表明，光纤监测数据能够有效地识别边坡的失稳临界状态，揭示了边坡的渐进演化规律。Sun 等为分析不同场对滑坡的影响，提出采用分布式光纤传感技术对边坡数据采集、表征及其稳定性进行分析,在此基础上,设计开发了一种考虑应力、温度、渗流等多场的变形监测信息系统,实现了边坡变形演化规律的分析。刘永莉等以官家滑坡为研究对象,分别采用不同的 BOTDR 布设方式对其进行变形分析,研究结果表明,应根据具体边坡实际有针对性地选择布设方式及光纤类型,充分发挥各自优势,以提高监测数据的稳定性和可靠性。易贤龙等将PPP-BOTDA 方法应用于白水河滑坡监测中,并对不同采样频率下的监测结果进行对比分析,研究结果表明,经去噪处理后的结果与实际具有较高的一致性。裴华富等将其所开发的光纤光栅测斜仪用于攀田公路边坡变形监测,并依据各监测点的应变,计算得到其变形位移,研究结果表明,该方法用于边坡稳定性评价具有良好的效果。

10. 阵列式位移计 (shape acceleration array, SAA)

阵列式位移计是一种灵活的、校准三维测量系统,可同时测量岩土体的位移和加速度等参数。Abdoun 是首个利用 SAA 技术对边坡进行变形监测的学者,其将 SAA 技术所监测的数据与传统方法相对比,研究结果显示,该方法的稳定性及其精度都更优。Bennett 等将 SAA 与无线传输技术相结合,建立了公路边坡的实时监测预警系统。陈贺等将 SAA 技术应用于蛮金公路边坡深部位移监测,在对其边坡位移速率、加速度等参数进行研究分析的基础上,提出利用动能和动能变化率的研究方法,其研究结果表明,该方法具有较强的可靠性和可行性。邱冬炜等将 SAA 技术应用于居庸关隧道口处的岩体内部位移动态监测,并将其监测结果与测斜仪数据进行比较分析,研究结果表明,其监测精度更高,并可以判断出灾害的具体滑移面。

11. 声发射及微震监测技术

声发射与微震监测就是通过传感器有效地回收岩体发射的相关信息,并计算出岩体发生破坏的时刻、位置和性质,再依据其破坏大小、集中程度和破裂密度,推断出岩石宏观破裂的发展趋势。Dixon 等对英国北约克郡的霍林希尔滑坡变形斜率产生的声发射进行连续实时监测,并与传统测斜仪边坡位移测量结果进行了比较。熊文等将声发射应用于岩体滑坡模拟实验中,通过采集样本声发射的有关数据及其变化曲线,结果显示,该方法为判断滑坡面关键点破坏提供了重要科学依据。Dai 等利用微震监测技术对白鹤滩水电站边坡进行监测,实现了岩质边坡开挖对岩体损伤的实时监测与分析。高键等为分析微震监测技术在边坡监测中的可行性，将其用于大岗山水电站边坡监测中，并将其监测结果与传统方法进行对比分析，研究结果表明，该方法可以提前判断边坡的稳定性状态，具有很强的可行性，对指导边坡的安全生产与防治提供重要参考。

12. 多种方法协同监测技术

为了克服单一边坡监测技术在监测中存在的不足，提高边坡监测效率和精度，实现自动化，国内外学者做了大量的研究工作，取长补短，发展了协同多种监测手段的边坡监测方法。殷建华等将 GPS 与水准测量相结合，研究分析边坡随时间的变化规律；罗勇等采用全自动监测机器人、钻孔测斜仪和分布式传感光纤获取边坡开挖变形的规律；Mateos 等将 PSInSAR 和 UAV 摄影测量技术对西班牙东南部城市地区沿海滑坡运动学进行分析；文献[71]~[74]应用 InSAR 和 GPS 对滑坡进行联合监测；Li 等将航空摄影与卫星影像相结合对滑坡进行探测；Macciotta 等建立了基于 GPS 和 SAA 的边坡实时位移监测预警系统等。

结合上述参考文献中边坡各监测方法的使用情况及研究成果，现将主要监测方法的特点及适用范围总结归纳于表 1-2 中，为本书后续章节中越堡露天矿边坡监测方法的选择提供依据。

表 1-2　边坡部分主要监测方法的特点及其适用范围

监测方法	特点	适用范围
传统大地测量法	(1)投入低；(2)费时费力；(3)受地形和气候限制；(4)不能自动监测	适用于边坡表面位移监测
GPS 技术	(1)不受地形通视条件限制；(2)自动化程度高；(3)目前监测成本较高；(4)能实时、动态、自动监测	适用于边坡地表三维位移监测
三维激光扫描技术	(1)测量速度快；(2)点密度高；(3)精度相对较低；(4)操作简单	适合于大变形边坡的表面三维位移监测
数字近景摄影测量	(1)测量速度快；(2)数据量大；(3)精度相对较低	适用于变形速率较大的边坡

续表1-2

监测方法	特点	适用范围
InSAR 技术	(1)监测范围大；(2)全天候；(3)分辨率高	适合于大变形边坡监测
测量机器人技术	(1)效率高；(2)精度高；(3)自动化程度高；(4)受地形通视条件限制	适合于边坡表面位移自动监测
TDR 技术	(1)监测成本低；(2)经济实用；(3)连续观测	适合于边坡内部滑动面监测
CCD 技术	(1)系统成本较低；(2)易于远程控制；(3)精度高	适用于边坡长期监测
分布式光纤传感技术	(1)投入高；(2)远程监控；(3)分布式监测；(4)精度高	适用于边坡内部位移监测
阵列式位移计	(1)稳定性高；(2)易于远程自动化监测；(3)精度高	适合于小变形边坡监测
声发射及微震监测技术	(1)投入高；(2)精度高；(3)提前预警	适用于边坡深部位移监测

1.3 矿山边坡稳定性分析与评价方法概述

露天矿边坡的稳定性是一个多因素影响的复杂过程，但由于地质条件以及外部环境等因素的影响，衍生出了诸多的安全隐患，导致边坡经常发生各种严重的地质灾害，并造成了重大的人员伤亡和财产损失。因此，露天矿边坡稳定性问题已成为国内外学者研究的热点内容，而边坡稳定性分析及评价经历了由经验到理论、由定性到定量、由单一评价到综合评价、由传统理论和方法到新理论、新方法、新技术的发展过程，并取得了卓越成效。

1.工程类比法

工程类比法的实质就是在对已发生灾害边坡的主要影响因子、破坏机理及其变化规律进行研究和调查的基础上,分析待研究边坡与已知边坡之间的相似性,对比得到该边坡的稳定性状态及其发展趋势的一种定性评价方法。但由于不同工程边坡其赋存条件、外部环境等存在一定的差异,在对其进行边坡稳定性分析时,评价结果存在较强的主观性,因此,要求研究者具有较好的实际工程经验。周海清等在收集 41 个典型滑坡案例的基础上,设计并开发了一套程序,实际应用显示,该程序在确定滑坡治理方案时起到了重要的指导作用。

2.极限平衡分析法

极限平衡分析法又称条分法,它是在假设潜在滑动面的基础上,并将其划分为若干条块,由此建立各条块间的静力平衡方程,以求得边坡的安全系数,并确定其最危险滑动面的一种定量评价方法。该方法较为简单,没有考虑边坡应力应变的相互关系,不能确定它们的分布情况,难以解释边坡的破坏机理。目前,极限平衡分析法主要有:Fellenius 法、Bishop 法、Janbu 法、Morgenstern-Price 法、Spencer 法、Sarma 法、平面直线法、推力传递系数法等,但是由于以上方法都是将边坡的影响因素值看成是一个固定值,在计算边坡的安全系数时存在一定的偏差。因此,国内外很多学者对条分法进行了一定的改进,吴海真等建立了基于动态规划理论的改进极限平衡法,并将其计算结果与一般方法进行对比分析,研究结果表明,该方法计算得到的解更趋近于真实值,关键滑动面与实际更吻合。杨海平针对传统计算方法的不足,提出了一种改进的传递系数计算方法,并将其应用于庙家嘴滑坡中,研究结果表明,与传统计算方法相比较,该方法所得结果与实际更一致。但是,随着研究的不断深入,极限平衡法逐渐由二维转向三维,我国学者陈祖煜、Liu 和国外学者 Bretas、Faramarzi 等在理论计算和应用方面都取得了一些成果。

3.数值分析方法

随着计算机技术的快速发展,使得采用数值模拟的方法分析多因素作用下边坡的稳定性成为可能。数值模拟是在构建岩土体本构模型的基础上,充分考虑了边坡的地质环境、荷载等复杂情况,计算出边坡体内各点的应力、应变和位移,以分析其变形机理及演化规律。但由于所构建的本构模型与边坡实际存在一定的差异,其模拟的结果与工程实际有一定的偏差。目前,常用的边坡稳

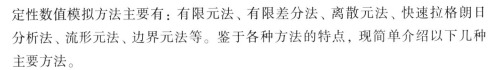

定性数值模拟方法主要有：有限元法、有限差分法、离散元法、快速拉格朗日分析法、流形元法、边界元法等。鉴于各种方法的特点，现简单介绍以下几种主要方法。

（1）有限元法。

有限元法克服了边坡简化的不足，顾及了岩土体应力-应变的关系及其分布，可以模拟渗流、边坡渐进变化等复杂状态下的边坡变形问题，是一种被广泛使用的数值模拟方法。目前，国内外研究学者针对有限元法做了大量的研究工作，并都取得了一定的成绩。Kelesoglu 采用强度折减法对边坡稳定性的三维影响进行评价，结果表明，平面曲率的影响可以根据边坡的安全系数与边坡曲率半径成正比的关系来确定。Zhang 等采用强度折减法对应变软化边坡进行渐进破坏分析，真实反映潜在滑动面的产生、扩展和连接，以及滑移弱化的影响。郑颖人等为分析边坡稳定性破坏规律，将力和位移收敛标准作为边坡失稳的破坏依据，并采用有限元强度折减的方法模拟边坡的稳定性安全系数，研究结果表明，其计算结果与传统 Spencer 法基本一致，表明该方法具有较强的可行性，可用于边坡实际研究。

（2）离散元法。

离散元法是一种用来处理非均质、不连续变形体的数值模拟方法，主要用于分析离散颗粒组合体在准静态或动态情况下岩土体的形变及破坏规律。Espada 等基于离散元模型的白鹤滩拱坝左岸开挖边坡安全性分析，揭示了岩体在下游开挖边坡中的局部破坏机制的发展。沈华章等为分析边坡的稳定性状态，以锦屏水电站边坡为研究对象，提出了一种基于矢量和法安全系数的 VSM-UDEC 法，并将其计算结果与传统的 Sarma 法和 Morgenstern-Price 法进行对比分析，研究表明，几种方法计算得到的结果基本一致，表明该方法在边坡稳定性分析中具有广阔的应用价值。

（3）快速拉格朗日分析法（FLAC）。

FLAC 法充分结合了离散模型方法、动态松弛方法和有限差分等方法的优点，将连续介质的动态演化过程转化为离散节点的运动过程，以准确分析材料的屈服、塑性流动、软化直至大变形。Sarka 等采用 FLAC^{3D} 数值模拟的方法对阿米扬斜坡的稳定性进行了分析，研究表明边坡易滑，需要加强治理。Singh 等利用 FLAC^{3D} 对五个边坡的二维和三维数值分析参数进行比较，研究表明两种方法所得到的安全系数没有显著的差别。石露等为使 FLAC^{3D} 中渗流与力学特

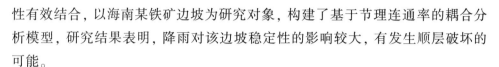

性有效结合,以海南某铁矿边坡为研究对象,构建了基于节理连通率的耦合分析模型,研究结果表明,降雨对该边坡稳定性的影响较大,有发生顺层破坏的可能。

(4)流形元法。

流形元法结合了有限元法与非连续变形分析法(DDA)的优点,可有效地模拟连续体的小变形到不连续体大变形的破坏过程。Miki 等通过建立 NMM-DDA 最小化势能耦合模型,模拟分析了地震诱发状态下边坡失稳与滑坡变化情况。王述红等以现代数值流形法(NMM)为研究手段,通过增加岩体重度的方法,模拟分析某公路边坡的破坏规律,研究结果表明,该方法在表征边坡大变形,分析岩体破坏全过程中具有明显的优势,可为边坡安全生产及防护提供技术支持。张国新和赵妍等通过数值流形法正确计算出了边坡的倾倒安全系数,并模拟出边坡的倾倒破坏过程。

(5)边界元法。

边界元法只对研究区的边界进行离散,对于分析无限域和半无限域等问题具有良好的优势。Jiang 建立了基于通用边界元法的边坡稳定性分析,并将其结果与经典极限平衡法进行了比较,效果较好。邓琴等在依据边界元法分析边坡应力分布的基础上,采用矢量和法分析某边坡的稳定性状态,并与其他方法进行对比分析,研究结果表明,以上方法计算得到安全系数基本相同,该方法具有较强的可行性和实用性。

4. 可靠性分析方法

边坡可靠性分析方法是将变形体的相关参数看作为随机变量,在此基础上,采用概率分析和可靠度尺度评价其稳定性的一种方法。目前,常用的边坡可靠性分析方法主要有:蒙特卡洛模拟法(Monte Carlo)、可靠指标法、一次二阶矩法(又称 Rosenblueth 法)、随机有限元法等。

5. 相似材料模拟法

相似材料模拟的方法是在充分考虑多种因素及复杂边界条件的基础上,采用相似模拟的方法,研究分析岩体破坏机理及其变形规律,以掌握其内部应力应变的变化特征。肖先煊等以三峡库区某滑坡为研究对象,采用模型试验的方法,对其稳定性进行了研究和分析;Li 等采用相似材料模拟的方法对降雨诱发的清水河黄土-泥岩断面滑坡机理进行了分析,为地质滑坡灾害的预防、监测、预警和控制提供科学的指导；Lai 采用三维物理模型的方法综合评价了高陡边坡的稳定性及其边坡的优化设计。Zheng 等采用物理模型试验和离散单元法识别了砂岩与泥岩互层边坡的破坏机理。

6.非确定性分析法

Manouchehrian 等建立了基于遗传算法的圆形破坏边坡稳定性分析模型。Raihan 等提出了基于 GSA – SQP 的混合优化算法分析边坡的稳定性。Choobbasti 等利用人工神经网络的方法预测伊朗马赞达兰边坡的稳定性。Rahul 等利用人工神经网络的方法对煤矿排土场边坡稳定性评价。王新民等在依据层次分析法所计算得到的评价指标权重基础上，构建了层次分析–可拓学相结合的边坡稳定性评价模型，研究结果表明，其评价结果与其他方法相一致，具有较强的可行性。秦植海等构建了 FAHP–SPA 相结合的边坡稳定性评价模型，研究结果表明，其评价结果与其他方法相吻合，具有较强的可靠性。陈孝国等以安太堡露天矿为研究对象，在分析边坡稳定性影响因素的基础上，通过引入时间变量，构建了基于混合型动态决策的危险性评价模型，其研究结果具有较强的可靠性。

1.4 中小露天矿山边坡稳定性研究存在的问题

从上述有关国内外研究现状分析可以看出，国内外许多学者围绕着典型边坡或者是大型露天矿边坡的整体变形趋势分析、变形机理分析、稳定性评价等方面已开展了大量的研究工作，并取得了较为显著的成效。但是对于中小型露天矿山边坡的研究相对较少，仍存在一定的不足。

(1)目前国内外对露天矿边坡的稳定性研究较多，但大部分研究者基本上都是以某一典型边坡或大型露天矿边坡作为研究对象开展边坡的稳定性评价和机理分析，而对中小型露天矿边坡的研究相对较少，尚未形成较为完善的稳定性评价体系，缺少有效指导中小型露天矿边坡安全开采和治理的理论基础和技术支撑。

(2)根据表1-2 中的内容不难看出，尽管边坡变形监测的方法有很多，但它们各自的特点、适用范围都有所不同和侧重。而对于中小型矿山企业来说，由于经费短缺、技术力量相对落后，使得他们在采用先进设备和高精技术等手段用于生产实际解决问题方面有所欠缺,导致大部分企业在采用传统测量手段和方法对边坡进行变形监测时,经常出现监测效率低、数据处理复杂、预测精度不高等问题,严重阻碍了矿山的安全生产和发展。

(3)国内中小型矿山企业对边坡前期稳定性预警预报分析工作的重视程度不足。大部分企业很少关注边坡稳定性状态的分析,对影响边坡稳定性因素的分析不足,缺乏边坡施工前期其稳定性状态的理性分析,通常是在滑坡灾害即将发生或者已经发生的情况下,才开始对边坡进行治理,并开展稳定性监测,严重缺乏安全生产意识,以及提前预警预报的安全措施。

(4)在露天矿边坡(特别是中小型露天矿边坡)变形监测中,由于各种内外部因素的影响,经常会出现部分监测点被损坏或未被监测到数据等现象,造成监测点数据的缺少或丢失,使得监测数据不完整、不连续。为准确分析边坡的变化发展趋势,需要对缺失点进行插值估计(补充),但现有插值文献大多是将变形监测点看作是固定不变的点进行研究,没有充分考虑监测点会随边坡变形出现空间位置变化的动态问题。

(5)国内外大部分学者采用数学建模的方法对露天矿边坡危险性识别及稳定性评价方面存在着一个固定思维——将指标权重设定为固定值,很少考虑某一指标在发生变化或取值不同的情况下,其权重的动态变化性,忽视了边坡的稳定性随指标权重变化而发生动态变化的规律。此外,尽管有部分学者考虑了指标权重动态变化的问题,但通常是依据实际工作经验确定边坡的稳定性主要影响因素,具有较大的主观性,使其评价结果不够合理、客观。

(6)露天矿边坡的稳定性是多种影响因素相互作用的结果,彼此间存在着一定的相互关系。但在实际评定边坡稳定性应用中,由于不同边坡自身的特殊性,依据实际工作经验确定边坡的稳定性影响因素与实际情况存在一定的偏差,导致建立的评价模型不准确。为准确分析边坡的稳定性状态,如果选择的因素越多,需要建立的模型越复杂,处理数据量就越大、越困难,反之,如果为了简化评价模型,减少处理数据量,忽略某些因素对边坡稳定性的影响,又不能全面、准确地分析边坡的稳定性,而造成危害。因此,合理、有效地挖掘影响边坡稳定性的主要因素,分析其耦合程度及其相关性,是揭示露天矿边坡变形机理的重要研究内容。

综上所述,目前对于中小型露天矿边坡的研究尚未形成一整套较为完善的体系,导致矿山企业在实际生产和管理中存在着诸多不足。为保证矿山的安全施

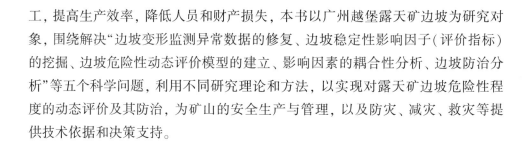

工,提高生产效率,降低人员和财产损失,本书以广州越堡露天矿边坡为研究对象,围绕解决"边坡变形监测异常数据的修复、边坡稳定性影响因子(评价指标)的挖掘、边坡危险性动态评价模型的建立、影响因素的耦合性分析、边坡防治分析"等五个科学问题,利用不同研究理论和方法,以实现对露天矿边坡危险性程度的动态评价及其防治,为矿山的安全生产与管理,以及防灾、减灾、救灾等提供技术依据和决策支持。

1.5 本书主要研究内容

为有效分析和评价边坡的稳定性状,本书综合利用理论分析、现场实测、数学建模、数值模拟、对比分析、实例验证等方法对以下内容展开研究。

1.相关资料的收集

通过对国内外相关文献的研究,分析总结了当前中小型露天矿边坡监测方法、稳定性分析和动态评价等方面存在的问题和不足,为本书的进一步研究提供理论依据。此外,通过现场调研的方式,全面收集并掌握越堡露天矿地质环境条件、工程地质条件以及水文地质条件等基础性资料,为本书开展影响因子的挖掘、边坡稳定性研究及防治分析奠定基础。

2.变形监测数据异常性检验及其插补

结合越堡露天矿边坡实际,在对边坡进行变形监测方案设计的基础上,利用徕卡 TM30 测量机器人监测手段,获取边坡监测点的三维坐标及其位移分量,用以分析边坡的变形趋势。但由于边坡变形监测数据受到温度、气压、湿度以及仪器本身等内外界环境因素的影响,可能出现误差甚至错误,造成对边坡变形趋势及稳定性分析产生偏差,导致对边坡施工及防治决策出现失误甚至错误。为了消除误差、提高预测精度,本书采用 3σ 准则法检验监测数据中存在的异常值,并对其予以舍弃或者剔除。在此基础上,提出一种顾及点位变化的边坡变形监测异常数据时空插值方法,对异常数据(包括丢失或剔除的数据)进行修正或补充,以保证监测数据的完整性和连续性,为露天矿边坡变形趋势分析提供数据保障。

3.露天矿边坡稳定性评价指标体系的挖掘

露天矿边坡稳定性影响因素的确定是边坡稳定性评价的基础,影响因子(评价指标)的正确确定将直接影响到评价精度。但目前评价指标的选择大部分是依据实际经验、专家咨询以及参照对比的方式来确定的,没有形成具体的评价理论体系。为更合理、有效的挖掘出影响边坡稳定性的评价指标体系,本书拟采用定性和定量筛选相结合的方法对其进行研究和分析。在研究方法中,定性筛选是基础,而定量筛选则是在此基础上,通过建立改进的灰色关联度模型,挖掘出主要评价指标,并通过引入效度系数和可靠性系数,分析评价指标的有效性、稳定性和可靠性。在此基础上,采用 UDEC 数值模拟的方法分析评价指标体系对边坡稳定性影响的变形机理。

4. 露天矿边坡危险性动态评价及其因素耦合性分析

本书以信息熵为基础,构建一种随指标值变化而改变的动态变权重方法,分析不同月最大降雨量状态下露天矿边坡指标权重的变化情况,并引入未确知测度理论,建立边坡危险性动态评价模型,动态分析边坡稳定性变化趋势,然后提出利用危险性重要度指标,定量分析露天矿边坡的危险性程度。在此基础上,通过改变影响因素及其指标值的实验方案,提出依据危险性重要度指标的方法,定量地反映出边坡影响因素间的相互关系及其耦合性程度。

5. 越堡露天矿 HP1 边坡变形趋势分析

鉴于越堡露天矿边坡实际,需对该矿发生滑坡区的西侧 HP1 边坡进行变形趋势分析。鉴于此,本书在上述监测方案及异常数据修正或补充的基础上,采用位移量-时间变化曲线、位移速率-时间变化曲线以及三维位移矢量等分析方法相结合,多角度、多方位地分析出 HP1 边坡的稳定性状态,以确定其变化方向,计算出其变形位移量及变形速率的大小,为矿山企业的安全生产及管理提供参考和指导。

6. 越堡露天矿 HP1 边坡灾害防治方案的设计

边坡防治方案设计的好坏直接影响着矿山边坡治理的效果,是指导矿山日常管理和安全生产的重要依据。因此,本书在分析越堡露天矿 HP1 边坡基本情况的基础上,根据边坡治理设计基本原则和要求,以及各项设计内容,提出两种不同的边坡防治方案,并依据边坡治理投资预估费用对比优选出安全、经济、合理、高效的防治方案;然后,结合矿山岩土力学参数,采用圆弧形滑动面(瑞典条分法)的方法对不同工况条件下治理后的边坡稳定性进行分析,并分别计算出其稳定性系数,评价其稳定性及其治理效果,确定治理方案的可行性。

第2章 研究区工程地质环境

通过对国内外中小型露天矿边坡的研究和分析，发现岩层性质、地质构造、水文条件、地形地貌以及外界因素等指标是影响边坡稳定性状态的重要因素，其指标值的变化对边坡的变形破坏产生直接的影响。2016年10月，越堡露天矿西侧HP1边坡在连续降雨情况下发生了滑坡地质灾害，严重危及矿区作业人员生命安全及矿场作业车辆、机械的安全，对越堡露天矿山边坡的稳定性造成了严重的影响。为此，开展研究区域的工程地质环境等基础资料的研究，是研究露天矿边坡稳定性状态及其变形趋势的基础，对指导矿区的安全生产及防治具有重要的意义。

本章通过查阅边坡滑移相关参考文献，依据勘查所收集的越堡露天矿区地质环境条件、工程地质条件以及水文地质条件等基础性资料，并结合研究区及矿区西侧HP1边坡调查结果，对其稳定性因素进行分析，为进一步深入研究露天矿边坡的稳定性状态及其变形趋势提供科学依据，也为本书后续的边坡变形监测网的布设、边坡主要影响因子挖掘及稳定性评价的研究提供基础。

2.1 研究区地质环境条件

2.1.1 矿区基本概况

广州市花都区炭步镇广州市越堡水泥有限公司矿山部水泥矿区距离北侧西二环高速约2 km，距离省道S267约780 m。地理坐标：东经113°4′19″、北纬

23°17'50″，交通路网较发达，具体地理位置如图 2-1 所示。该水泥矿区经过多年开采，地表呈四周高，中间低状，并形成了最高约 79.6 m 的人工边坡，总体坡向约 60°，坡角 45°~55°。但是受地质环境条件、采矿开挖山体、西侧鱼塘渗水及自然因素影响，2016 年 10 月以来，坡体在连续强降雨条件下发生了滑坡类地质灾害，滑坡段坡长约 66.5 m，坡高约 65 m。

图 2-1　矿区地理位置

2.1.2　气象水文

1. 气象条件

越堡露天矿区所处区域广州市花都区位于南亚热带季风气候区，该区域季节变化不明显，长夏无冬，热量丰富，雨水充裕，常呈现出高温多雨天气，年平均气温在 22.0℃左右，年平均降雨量则高达 1771.7 mm，主要集中在 4—9 月份，而且经常出现暴雨、洪涝、干旱等现象。此外，受季风环流的影响，研究区夏季常吹偏南风，而冬季则为偏北风，且气象要素变化较大。根据花都区气象站从 1958 年 12 月建站至 2017 年观测的气象资料，其气象要素年特征值如表 2-1 所示。

表2-1 花都区气象站建站至2017年各气象要素特征值统计

月份	1	2	3	4	5	6	7
平均气温/℃	13.2	14.4	17.7	22.1	25.6	27.4	28.7
极端最高气温/℃	28.1	28.6	33.1	33.6	36.2	38.5	39.3
极端最低气温/℃	0.4	0.6	2.7	8.1	14.5	18.2	21.4
平均气压/hPa	1020.4	1018.8	1015.7	1012.3	1008.3	1005.1	1004.5
平均相对湿度/%	71	77	82	84	84	85	82
最小相对湿度/%	9	10	15	18	27	24	35
平均降雨量/mm	44.1	64.0	100.7	216.7	302.1	300.9	229.9
日照时数/h	128.8	77.8	70.5	82.0	133.2	159.7	228.3
平均风速/($m \cdot s^{-1}$)	2.3	2.3	2.2	2.1	2.1	2.1	2.4

月份	8	9	10	11	12	全年
平均气温/℃	28.6	27.2	23.9	19.4	15.1	22.0
极端最高气温/℃	37.9	37.3	36.3	33.6	30.0	39.3
极端最低气温/℃	20.6	15.7	8.8	4.5	0.7	0.4
平均气压/hPa	1004.4	1008.7	1014.3	1018.2	1020.7	1012.6
平均相对湿度/%	82	78	72	68	67	78
最小相对湿度/%	32	21	15	16	7	7
平均降雨量/mm	230.0	145.8	69.2	37.6	30.6	1771.7
日照时数/h	213.7	205.2	210.0	184.9	170.9	1865
平均风速/($m \cdot s^{-1}$)	2.0	1.9	2.1	2.2	2.1	2.2

2. 水文条件

越堡露天矿区位于花都区炭步镇,区域内分布有成片的高矮丘陵,森林覆盖面积大,降雨量多,水域范围广,占全区总面积的10.8%左右,但是在丫髻岭和中洞岭的影响下,其地表水系呈现出两岭高、四周低的特点。受区域内水系发育及矿区原地形的影响,其区域附近地表尽管没有大面积水体,但鱼塘分布密集,如图2-2所示,而且排灌条件错综复杂。此外,在距矿区北、西、南方向5~8 km处有江河、芦苞河及官窑涌等水系,在河水涨潮时容易出现倒流的现象,对矿区的稳定性也会产生一定的影响。因此,水文条件对研究区的影响较大。

图 2-2　边坡坡顶西侧鱼塘

2.1.3　地形地貌

越堡露天矿区是在低山丘陵以及河流阶地相交的区域,原先多是鱼塘、果林和稻田等,其地形地貌较为平坦开阔。现经过多年的人工采掘,矿区地面现呈现出四周高、中间低的状态,而研究区边坡地面则呈现出西高东低状,其地貌类型也较复杂,地形经采矿挖掘削坡后,边坡变陡,标高为-74.59~6.26 m,对边坡滑坡、崩塌等地质灾害的产生起着重要的推动作用。

2.1.4　地层与岩性

根据相关文献地质调查成果及相关资料,研究区内地层主要有石炭系和第四系覆盖层,具体如下。

1. 石炭系

(1)石磴子组

分布于研究区及其周边,隐伏于第四系之下,为一套浅海相碳酸盐沉积,岩

21

性为深灰色、灰黑色中厚层状灰岩、角砾状灰岩、含白云质灰岩,上部含少量砂页岩,含丰富动物化石,其厚度>864 m。

(2)测水组

大面积出露于北面、北东面及东南面,岩性为紫灰色、灰色砂岩、粉砂岩及砂质页岩互层夹砂质砾岩、泥质页岩、炭质页岩及多层劣煤层,含较丰富动植物化石,其厚度为299 m。

(3)梓门桥组

主要出露于花都新街北面,为浅海相含硅质砂页岩沉积,岩性为灰白色厚层状粗砂岩,紫红色中厚层状粉砂岩,泥质页岩、硅质层夹细砂岩组成,其厚度为25 m。

(4)壶天群

主要隐伏于矿区中部,研究区东部,为花都复向斜北翼和连珠向斜轴部,岩性为灰白色、灰色、浅肉红色厚层状白云质灰岩、白云岩、生物灰岩互层,产丰富的化石,其厚度为120 m。

2.第四系

主要由冲积、残坡积黏土、亚黏土、淤泥及中粗砂组成,其厚度为6~32 m。

2.1.5 地质构造

研究区石磴子组灰岩位于北东向冯村背斜南端,附近地质构造以北东向褶皱为主,北西向褶皱及断裂次之,受区域褶皱及断裂构造影响,边坡及其附近区域发育有一些次生断裂,具体分述如下:

F2:近北西至东南向贯穿矿区,分布研究区近东侧,距离约600 m,断层带宽度20~60 m,走向北西向,长度未明,发育有次生断裂F2-1、F2-2,断裂带及其影响范围内可见断层擦痕、岩层扭曲、错断。受该断裂间接影响,研究区边坡岩层节理裂隙发育且产状多变,岩体破碎,为逆断层,西侧岩性以石炭系下统石磴子组灰岩为主,东侧岩性为石炭系下统梓门桥组,其岩性为灰白色厚层状粗砂岩,紫红色中厚层状粉砂岩,泥质页岩、硅质层夹细砂岩组成。

F3:分布于矿区东北侧,研究区近东侧,距离研究区约800 m,断裂走向北西向,长度不明,西侧岩性为石炭系下统梓门桥组灰白色厚层状粗砂岩,紫红色中厚层状粉砂岩,泥质页岩、硅质层夹细砂岩;东侧岩性为石炭系中上统壶天群灰白色、灰色、浅肉红色厚层状白云质灰岩、白云岩、生物灰岩互层，断层对研究区影响较小。

F10：分布于研究区北侧，距离研究区约 550 m，推测为北东向背斜造成的次生小断裂，走向近东向，长度约 260 m，受该断裂影响，石炭系下统石磴子组灰岩被错断，为压扭性断裂。

F11：分布于研究区北侧，距离研究区约 650 m，推测为北东向背斜造成的次生小断裂，走向近北西向，长度约 360 m，受该断裂影响，石炭系下统石磴子组灰岩被错断，为压扭性断裂。

F13：分布于研究区内，基本贯穿研究区，走向北西向，长度约 230 m，西侧岩性为石炭系下统测水组砂岩、粉砂岩及砂质页岩互层夹砂质砾岩、泥质页岩、炭质页岩及多层劣煤层及石炭系下统石磴子组第四段中厚层状灰岩、角砾状灰岩、含白云质灰岩，东侧岩性为石炭系下统石磴子组第四段中厚层状灰岩、角砾状灰岩、含白云质灰岩，本边坡位于断裂东侧，断层对研究区影响很大，其影响范围内可见断层擦痕、岩层扭曲、错断、断层角砾，造成研究区边坡岩层节理裂隙发育且产状多变，岩体破碎，是影响边坡稳定性、造成边坡滑坡的重要原因。

综上所述，由于研究区受构造影响较大，发育有压扭性断裂，对边坡的稳定性将产生一定的影响，区域断裂对研究区的影响如表 2-2 所示。此外，研究区地震抗震基本烈度属 6 度区，区域地壳较为稳定。

表 2-2   研究区及附近区域断裂对研究区的影响

断裂名称	相对位置	距离/km	影响程度
F2	东	600	中等
F3	东	800	较小
F10	北	550	中等
F11	北	650	较小
F13	内	0	大

2.2 研究区工程地质条件

依据相关文献中有关研究区内的钻孔资料，本书将勘查深度范围内岩土划分为第四系全新统人工堆积(填土层)；第四系全新统冲洪积黏土或粉砂质黏土、细砂、淤泥或淤泥质黏土层；第四系潟湖相沉积层泥炭，基岩为石炭系石磴子组，岩性为含炭质泥岩、含炭质灰岩、灰岩、泥灰岩。现自上而下描述如下：

1. 土层分层

(1)素填土/填土

主要由黏性土夹填块石组成，呈杂色潮湿状，含较多植物根茎，松散欠固结，主要分布于坡顶，层厚1.20~1.90 m。

(2)黏土/亚黏土/粉质黏土

以黏粒为主，粉粒次之，含有机质，切面光滑，韧性高，呈灰、浅灰色很湿-饱和软塑状，且局部可塑。土工试验数据显示，其孔隙比 $e = 0.450 \sim 0.644$，液性指数 $IL \leq 0 \sim 0.25$，天然快剪试验 $C = 30.1 \sim 45.5 \text{ kPa}$，$\varphi = 10.3° \sim 15.3°$，主要分布于边坡西侧，厚度变化较大，层厚2.20~10.80 m，平均厚度为5.16 m，层顶标高为-4.40~3.68 m。

(3)淤泥质细砂/细砂

由细砂及少量的粉砂、泥质等组成，呈浅黄、黄色饱和松散状。主要分布于边坡西侧个别地段，呈透镜状分布，厚度为1.80~2.39 m，平均厚度2.05 m，层顶标高0.68~0.75 m。

(4)淤泥/淤泥质黏土

由黏粒及少量腐殖质及粉粒组成，呈灰黑、灰褐色饱和软塑状，黏塑性较好，含腐殖质，具异味，局部夹薄层粉砂。土工试验数据显示，其孔隙比 $e = 1.169$，液性指数 $IL = 0.79$，天然快剪试验 $C = 21.8 \text{ kPa}$，$\varphi = 16.6°$。主要分布于边坡坡顶西侧，厚度为3.30~6.95 m，平均厚度4.94 m，层顶标高-2.70~2.49 m。

（5）黏土/亚黏土

主要由黏粒组成，粉粒次之，呈浅黄、黄色潮湿可塑状，局部硬塑，黏塑性较好。主要分布于基岩层上，层厚为 2.82~7.84 m，平均厚度为 5.16 m，层顶标高为-7.25~-4.46 m。

（6）泥炭

成分均匀，含较多有机质，呈灰黑色饱和软塑状，且局部可塑。土工试验数据显示，其孔隙比 $e = 0.409 \sim 0.616$，液性指数 $IL \leqslant 0$，天然快剪试验 $C = 12.9 \sim 27.8$ kPa，$\varphi = 12.0° \sim 14.3°$。主要分布边坡坡顶西侧，层厚为 5.40~10.0 m，平均厚度为 7.70 m，层顶标高为-15.20~-6.00 m。

2. 基岩层

（1）强风化含炭质泥岩

主要成分是泥质，次之炭质、粉砂，呈灰黑色泥质结构，薄-中厚层构造，原岩裂隙发育，岩芯已风化成呈半岩半土状，锤击声哑，有凹痕，易击碎，手可折断，遇水易软化崩解。主要分布在滑坡段西侧，层厚为 4.50~29.64 m，平均厚度为 13.41 m，揭露层顶高程为-25.20~-8.39 m。

（2）中风化炭质泥岩/泥灰岩

主要含有炭质，成灰黑、黑色状，薄-中厚层构造，岩芯很破碎，岩芯多呈块状，少数短柱状。受构造活动影响，该层层理产状有一定变化，揭露层厚为 25.44 m，层顶标高为-55.19 m。

（3）中风化灰岩

主要矿物成分为方解石、泥质、炭质等，呈灰黑色粉-隐晶质结构，岩芯很破碎-破碎状。受断裂影响，该层层理产状有一定变化，局部错断明显。目前，边坡出露岩性主要为该层。岩石试验数据显示，其天然抗压强度为 5.89~43.6 MPa，现场测试天然内摩擦角 $\varphi = 26°$，饱和内摩擦角为 21°，呈岩质软-较硬状。

综上所述，研究区地貌类型复杂，人工削坡造成的坡面较陡，边坡西侧以冲洪积土及强风化含炭质泥岩为主，边坡岩质裸露面以中风化灰岩为主，受到断裂影响强烈，裂隙很发育，岩体很破碎-破碎，岩土体物理力学性质不均匀，故综合判别研究区环境地质条件等级为复杂。

2.3 研究区水文地质条件

2.3.1 地下水

地下水按埋藏和赋存形式主要分为第四系土层的孔隙潜水和基岩的岩溶裂隙水，坡体地下水主要靠鱼塘水、大气降雨渗流补给，通过地表径流、渗流方式。降雨过程有地表水形成瞬时的片状径流，部分向地下渗透补给，降雨结束地表径流很快消失，地下水汇入低处的矿区集排水系统，部分通过渗流方式，进入岩溶裂隙中，另一部分表现为蒸发。

坡体地下水主要以土层孔隙潜水及基岩岩溶裂隙水形式存在，地下水位埋深受西侧鱼塘水位影响较大，坡顶地下水位标高为−3.20~2.5 m，坡脚水位标高约为−72.3 m。冲洪积层黏性土层为微透水层，冲洪积细砂层为强透水层，泥炭土孔隙相对疏松，属弱透水层。强风化含炭质泥岩带内风化裂隙较密集，但裂隙密闭性相对较差，属弱透水层。基岩岩溶裂隙水发育具非均一性，场区基岩以灰岩为主，其地下水发育受其岩溶裂隙发育程度及连通性影响较大，岩体本身透水性较差，但由于场区基岩溶蚀痕迹明显，且岩体受构造活动影响强烈，故场区岩溶裂隙水不均匀富集于岩溶裂隙中，地下水主要赋存于岩石岩溶裂隙发育带中，具各向异性。

2.3.2 地表水

研究区附近地表水以鱼塘及矿坑底部集水池为主。水塘分布在拟治理边坡坡顶土路的西侧，与滑坡周界最近距离约48 m，勘查期间鱼塘水位标高约2.89 m。水塘与研究区地下水水力联系密切，对边坡稳定性有重要影响，受鱼塘水影响，地表水向矿坑方向下渗，但受矿坑边缘灰岩矿体的相对阻水作用，下渗地表水未能通过岩溶裂隙全部排泄，部分地表水在滑坡段坡顶地表以上升泉形式轻微渗出（图2-3），并伴生一定面积喜湿草本植物。矿坑底部集水池，为矿区集排水系统组成要素，分布在研究区边坡东侧坡脚，水位较矿底周边低约30 cm，标高约−72.30 m，该排水系统对研究区地下水影响较小。

图 2-3　坡顶地表轻微的渗水情况

综上所述，研究区环境条件属 II 类，存在强透水性砂层，边坡体地下水条件属于 A 类。

第3章　露天矿边坡变形监测异常数据时空插值

　　在强降雨的条件下 HP1 边坡将处于不稳定状态，可能存在滑坡的风险。为保证矿山的安全生产及管理，有必要对其进行边坡变形趋势的分析，为矿山的防灾、减灾、救灾提供重要的技术支持和决策依据。鉴于此，本章将采用不同的研究方法多角度、多方位对该边坡的稳定性及其变形趋势进行分析。

　　但是，对于中小型露天矿山边坡变形监测及其稳定性分析而言，由于其受到经费、设备、技术水平以及观测环境等因素的制约，在实际边坡监测中，大部分小型矿山企业采用的都是传统测量手段，即使部分矿山企业采用测量机器人或 GNSS 等较为先进的设备，依然很难获得连续的、均匀分布的时空变形监测数据，经常会出现部分监测点被损坏或未被监测到数据等现象，造成某些监测点数据的缺少或丢失，无法准确地指导矿山安全生产以及科学研究。因此，为弥补和克服边坡监测数据稀少或丢失等问题，准确分析露天矿边坡的变形趋势，有必要对现有不规则、不连续、有限的监测数据补充完善，以提高边坡监测数据的完整性和连续性，为后期的数据分析及其边坡变形趋势分析提供数据基础和技术支持。

　　受矿山企业的委托，本书作者及其课题组成员与广东省有色地质测绘院联合，对该矿西侧 HP1 边坡(2016 年 10 月发生滑坡)进行了变形监测及其变形趋势的分析。鉴于此，本章以西侧 HP1 边坡为研究对象，在对其进行变形监测方案设计的基础上，利用徕卡 TM30 测量监测手段，获取边坡监测点的三维位移，再依据 3σ 准则的方法对变形监测坐标数据进行异常性检验，舍弃或者剔除监测值存在的异常值(包括丢失或剔除的数据)。同时，针对变形监测中存在的异常数据，提出一种顾及点位变化的边坡变形监测异常数据时空插值方法，对其进行修正或补充，以保证监测数据的完整性和连续性。在此基础上，采用位移量、位移速率以及三维位移矢量相结合的分析方法对 HP1 边坡的变形趋势进行分析，为边坡灾害防治的开展提供理论依据和技术参考。

3.1　边坡监测方案的设计

2016 年 10 月，越堡露天矿西部 HP1 边坡在连续降雨情况下发生了滑坡地质灾害，坡顶见贯通性环状张拉裂缝，崩塌地质灾害的发生危及矿区作业人员生命安全及矿场作业车辆、机械的安全，并对水泥矿场的稳定性构成了严重影响。鉴于此，为提高边坡事故预测的准确性，减少灾害的发生，该矿山企业委托广东省有色地质测绘院以及本书课题组成员，对该边坡进行变形监测分析。在此基础上，结合测绘院及课题组的设备和技术力量以及矿山边坡基本情况，设计了边坡变形监测方案，同时，利用徕卡 TM30 测量的方法对边坡进行监测，并获取其三维位移分量，由此对边坡的稳定性及变形趋势进行分析，以保证对越堡露天矿边坡的安全生产和管理。

3.1.1　边坡监测设计方案的基本原则

矿山边坡变形监测方案设计的优劣直接影响到矿山生产成本、安全施工、变形监测数据精度、边坡稳定性分析等工作内容，在整个矿山开采实施中占据着重要的基础性地位。因此，根据越堡露天矿山边坡实际，设计合理、有效的边坡监测方案，一般应遵循以下几个方面的基本原则。

1. 突出重点，兼顾全局

边坡监测方案设计中，监测点的选择以及布设至关重要，它是开展边坡变形监测的前提，关系到矿山后期各项工作的顺利开展与实施，应力求真实地反映边坡变形演变趋势。因此，在进行边坡方案设计时，不仅要关注、突出边坡重点部位的变形情况，还要兼顾整个边坡的稳定性状态。鉴于此，越堡露天矿西部 HP1 边坡监测点就是根据上述指导思想，布设在边坡主要变形断面上，监测点分布情况如图 3-1 所示，此外，为了更全面、准确地采集变形数据，反映边坡的整体变化趋势，在部分需重点监测部位进行了适当加密，以提高预测精度及准确性。

2.技术可行，经济合理

边坡监测技术方案的设计，不仅要考虑矿山施工成本、作业效率，还要考虑变形监测精度以及边坡安全治理等方面的内容，综合分析各项工作，设计技术可行、经济合理的设计方案不仅可以节约成本，减少人力物力财力，还可以提高工作质量，对矿山的安全生产与实施以及边坡的稳定性研究具有重要的意义。

3.及时准确、安全可靠

开展边坡的安全监测以及稳定性分析，数据是基础。在保证变形监测点稳定的情况下，选择精度、稳定性可靠的监测设备，及时准确地采集数据，在边坡监测技术方案设计中，是应该着重考虑的问题。鉴于此，本书采用监测精度高、稳定性强的徕卡 TM30 测量的方法对边坡进行监测，监测数据结果表明，所选设备可以满足矿山安全生产及边坡稳定性科学研究的需要。

3.1.2 监测点的布设

根据上述边坡监测设计方案应遵循的基本原则可知，由于监测点的布设要综合考虑成本、精度、质量、变形趋势分析等各方面因素，因此，在进行边坡监测点布设时，应当合理选择。鉴于边坡监测区域实际情况，本书将以发生过失稳的西侧 HP1 边坡作为研究对象，并沿着边坡破坏方向布设一系列监测点，构建成了 5 个断面形式的观测线，考虑到布点者的安全，部分平台布点较少，但为了满足边坡变形趋势分析需要，提高边坡插值精度，在靠近滑坡区域的周边观测线内加密了监测点，总共布设了 40 个监测点，其编号分别用 JC01 到 JC40 来表示，其分布情况如图 3-1 所示。

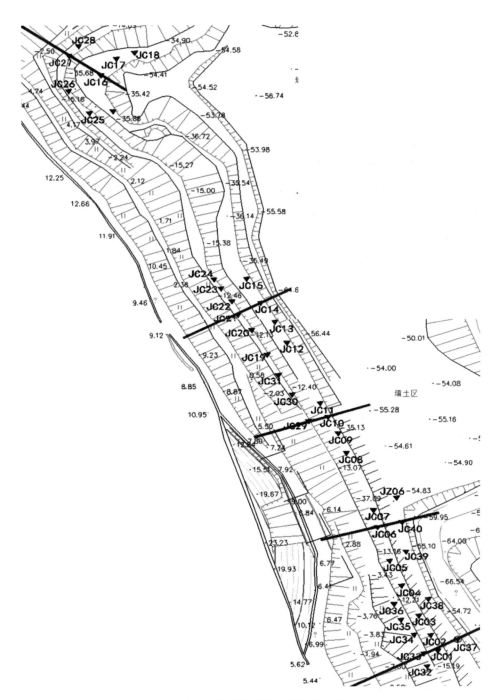

图 3-1　越堡露天矿边坡监测点分布

3.1.3 变形监测内容及设备

为有效分析越堡露天矿西侧 HP1 边坡的稳定性状态及其变形趋势，本书通过对上述布设的变形监测点进行监测，并获取其水平位移和垂直(沉降)位移两方面的内容开展研究。鉴于此，为确保所监测数据的安全、可靠，项目采用了具有高精度和高稳定度的徕卡 TM30 测量方法并配合空盒气压计、干湿温度计等设备对边坡进行协同监测，获取监测点的三维坐标，并计算出边坡水平及沉降的位移大小。考虑到监测精度要求，边坡监测中除了徕卡 TM30 测量仪器之外，涉及的其他仪器、设备主要有：徕卡 GPR112 监测棱镜 40 个，棱镜安装支架 40 个，棱镜保护罩 40 个，徕卡数字温度气压仪及配套设备一套，强制对中盘 3 个，空盒气压计 3 个，干湿温度计 3 个等。其相应的仪器及设备技术指标如表 3-1 所示。

表 3-1 监测仪器设备型号及相关技术指标

仪器名称	型号	技术指标
测量机器人	徕卡 TM30	测角精度 0.5"；测程 1.5~3500 m(棱镜)，单次测距精度 0.6 mm+1ppm×D(mm)
气象测量设备	空盒气压计、干湿温度计	最小读数 0.1 mmHg 和 0.1℃
高度游标卡尺和游标卡尺	哈量(LINKS)或其他 0~300 mm	分度值 0.02 mm
活动觇牌	徕卡	测量范围±100 mm，量测精度 0.05 mm
照准器件	精密棱镜反射片等	
电子水准仪	天宝 DINI	测距 1.5~100 m，往返测精度 0.3 mm

3.2 边坡监测数据的获取及检验

3.2.1 监测数据的获取

为获得高精度和高稳定性的监测数据，本书利用徕卡 TM30 监测手段并配合空盒气压计、干湿温度计等设备的方法对边坡 40 个监测点进行协同监测（图 3-2），并依据所采集的距离、角度、温度以及气压等参数，经温度和气压改正后，计算得到边坡各监测点的三维坐标及其位移分量。由于西侧 HP1 边坡自 2016 年 10 月以来发生了滑坡类地质灾害，并考虑到边坡已开始实施治理工作以及项目区降雨的影响，将本次边坡监测点的监测周期分为前期和后期两个阶段：前期（2017 年 09 月之前）每 15 天左右监测一次，后期（2017 年 09 月以后）每 30 天左右监测一次。项目监测数据于 2016 年 12 月 10 日进行首次边坡各监测点三维坐标的采集，至 2018 年 3 月总共监测了 24 期数据，但在监测过程中由于监测区边坡崩塌以及治理等因素的影响，JC01、JC02、JC32、JC33、JC34 等监测点出现丢失或监测数据缺失的现象，导致监测数据不连续。因此，为分析边坡的变形趋势，本书将首次（2016 年 12 月 10 日）采集的三维坐标数据作为边坡各监测点 X、Y、Z 方向的变形位移累计量计算的初始参考值，由此，可以计算出各期各监测点的累计变形量（其中，监测点首次三维坐标累计变化量记为 0），鉴于本书篇幅限制的原因，本书仅以 JC04 监测点为例，将其三维坐标变化量列于表 3-2 中。

图 3-2　变形监测现场示意图

表 3-2　JC04 监测点坐标累计变化量

监测日期	$\Delta X/\mathrm{mm}$	$\Delta Y/\mathrm{mm}$	$\Delta Z/\mathrm{mm}$	监测日期	$\Delta X/\mathrm{mm}$	$\Delta Y/\mathrm{mm}$	$\Delta Z/\mathrm{mm}$
2016.12.10	0	0	0	2017.06.18	10.8	17.5	−7.3
2016.12.23	1.3	5.0	−0.5	2017.07.05	9.6	21.9	−7.8
2017.01.06	0.5	4.1	−1.5	2017.07.21	10.7	21.0	−8.6
2017.01.20	2.0	7.3	−2.4	2017.08.10	11.8	22.1	−9.1
2017.02.08	3.1	11.2	−3.1	2017.08.25	9.6	19.6	−8.9
2017.02.25	4.6	8.4	−4.1	2017.09.08	11.4	21.8	−7.8
2017.03.13	5.5	9.0	−3.9	2017.10.03	10.7	20.6	−7.5
2017.03.28	5.0	10.9	−4.5	2017.11.05	10.6	18.3	−8.2
2017.04.15	6.1	12.1	−5.3	2017.12.08	9.7	19.4	−9.5
2017.05.01	8.2	11.3	−6.2	2018.01.10	10.5	18.2	−8.6
2017.05.15	6.9	15.4	−5.4	2018.02.07	10.9	20.2	−9.1
2017.05.31	9.9	18.3	−6.0	2018.03.10	12.3	22.0	−8.4

3.2.2　边坡监测数据的异常性检验

在实际测量过程中，由于受到温度、气压、湿度以及仪器本身等内外界环境因素的影响，徕卡 TM30 测量方法所采集的数据可能出现误差甚至错误，造成边坡稳定性分析产生偏差，导致对边坡施工及防治决策出现失误甚至错误。为了提高预测精度，在使用数据前，必须对监测数据进行异常性检验，并将所测量出的异常值予以舍弃或者剔除。目前，常用的异常值检验方法一般有以下几种。

1. 3σ 准则

假设有 $\{x_1, x_2, x_3, \cdots, x_n\}$ 监测数据列，有

$$d_j = 2x_j - (x_{j-1} + x_{j+1})\qquad(3-1)$$

其中，$j = 2, 3, \cdots n-1$。

$$\overline{d} = \sum_{j=2}^{n-1} \frac{d_j}{n-2}\qquad(3-2)$$

$$\hat{\sigma}_d = \sqrt{\sum_{j=2}^{n-1} \frac{(d_j - \overline{d})^2}{n-3}}\qquad(3-3)$$

则依据 d_j 偏差的绝对值与中误差估值的比值为

$$q_j = \frac{|d_j - \bar{d}|}{\hat{\sigma}_d} \qquad (3-4)$$

当 $q_j > 3$ 时，则可以认为 x_j 是奇异值，应当予以舍弃。

2. Dixon 检验

假设有 x_1，x_2，x_3，$\cdots$，x_n 监测样本数据列，并将其按照从小到大的顺序进行排列，则其统计量 $x_{(t)}$ 为：$x_{(1)} < x_{(2)} < x_{(3)} < \cdots < x_{(n)}$。当 $x_{(t)}$ 服从正态分布，Dixon 根据 n 的取值范围的不同，将统计量 D 的计算公式列于表 3-3。

表 3-3　n 为不同取值范围的 Dixon 计算公式

n（样本量）	上侧检验统计量	下侧检验统计量
3～7	$D_n = (x_{(n)} - x_{(n-1)})/(x_{(n)} - x_{(1)})$	$D'_n = (x_{(2)} - x_{(1)})/(x_{(n)} - x_{(1)})$
8～10	$D_n = (x_{(n)} - x_{(n-1)})/(x_{(n)} - x_{(2)})$	$D'_n = (x_{(2)} - x_{(1)})/(x_{(n-1)} - x_{(1)})$
11～13	$D_n = (x_{(n)} - x_{(n-2)})/(x_{(n)} - x_{(2)})$	$D'_n = (x_{(3)} - x_{(1)})/(x_{(n-1)} - x_{(1)})$
14～30	$D_n = (x_{(n)} - x_{(n-2)})/(x_{(n)} - x_{(3)})$	$D'_n = (x_{(3)} - x_{(1)})/(x_{(n-2)} - x_{(1)})$

当显著水平 α 为 0.05 或 0.01 时，Dixon 给出了其临界值 $D_{1-\alpha}(n)$（可以通过查找临界值表得到）。由此，假如有某一个监测数据列的统计量 $D_n > D_{1-\alpha}(n)$，则表明 $x_{(n)}$ 为异常值，应予以舍弃，而当统计量 $D'_n > D_{1-\alpha}(n)$ 时，则表明 $x_{(1)}$ 为异常值，否则两种情况都判别为正常值。其计算步骤如下：

(1)将 n 次监测值由小到大的顺序进行排列；

(2)参照表 3-3 中的计算公式，求算出 D_n 和 D'_n 的值；

(3)依据 n 的不同取值范围和上述选定的显著水平 α 值，通过查找临界值表得到临界值 $D_{1-\alpha}(n)$；

(4)根据上述异常值的判别方法，对监测数据进行取舍。

3. Grubbs 检验

假设有 x_1，x_2，x_3，$\cdots$，x_n 监测样本数据列，当 x_j 服从正态分布时，首先计算出该样本的均值 $\bar{x} = \frac{1}{n}\sum\limits_{i=1}^{n} x_i$ 及其标准差 $\sigma = \sqrt{\sum\limits_{i=1}^{n}(x_i - \bar{x})^2/(n-1)}$。为检验 x_i

($i=1, 2, \cdots, n$)中是否存在的异常值，将 x_i 按照从小到大的顺序进行排列，得到其统计量 $x_{(i)}$ 为：

$x_{(1)}<x_{(2)}<x_{(3)}<\cdots<x_{(n)}$，再计算出统计量 $g_{(1)}=(\bar{x}-x_1)/\sigma$ 和 $g_{(n)}=(x_n-\bar{x})/\sigma$。对于 $g_{(1)}$ 和 $g_{(n)}$ 来说，Grubbs 导出了其统计分布，并列明了显著水平 α 在 0.05 或 0.01 情况下的临界值。由此，根据计算出的 $g_{(1)}$ 和 $g_{(n)}$ 值，当其值大于临界值时，则表明 $x_{(1)}$ 和 $x_{(n)}$ 可疑，应予以舍弃或者剔除。

对比以上三种检验方法的特点，并结合项目西侧 HP1 边坡实际监测数据，本书采用 3σ 准则法分析并检验原始监测数据中是否存在异常值，以保证依据监测数据分析得到的边坡变形趋势的结果是可靠的。由此，计算出各监测点 x、y、z 三个方向的变异值 q_x、q_y、q_z 的变化趋势分别如图 3-3、图 3-4、图 3-5 所示。

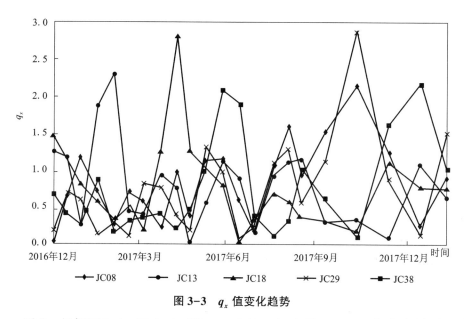

图 3-3　q_x 值变化趋势

因此，根据图 3-3、图 3-4、图 3-5 中的 q_i（i 表示 x、y、z）值分布图可以看出，边坡各监测点监测数据的 q_i 值基本上都小于 3，在数据检验正常允许范围之内，唯独监测点 JC08 点在 x 方向（2017 年 3 月 13 日）的 q_x 最大值为 3.0073,3，z 方向（2017 年 8 月 25 日）的 q_z 最大值为 3.1129 大于 3。由此，根据 3σ 准则，说明 JC08 点在 2017 年 3 月 13 日以及 2017 年 8 月 25 日两个观测时间段，其监测值出现了异常，为了提高边坡变形预测的准确性及其精度，应将这两个时间段的数据予以舍弃或剔除，并采取一定的方式对其进行修正和补充。

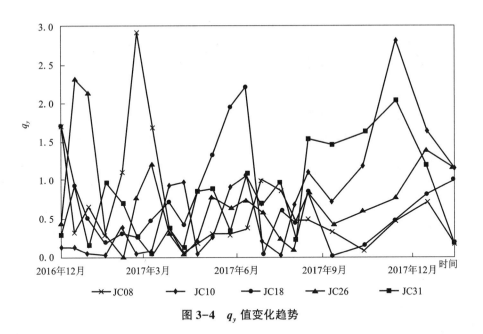

图 3-4 q_y 值变化趋势

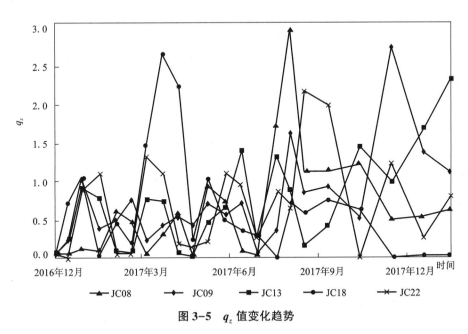

图 3-5 q_z 值变化趋势

3.3　顾及点位变化的异常数据时空插值

在本次越堡露天矿边坡变形监测中，由于变形监测点受边坡施工和治理等外界因素的影响，致使部分监测点被破坏，而出现丢失或缺少以及误差偏大等监测异常数据的现象，由此造成对边坡稳定性分析产生偏差，导致在制定边坡施工方案及防治决策时出现失误甚至错误。为提高边坡稳定性分析的可靠性程度，保障矿山的安全生产和管理，有必要对丢失或缺少以及误差偏大等监测异常数据采取一定措施进行处理，一般的做法是对异常数据(包括数据检验中舍弃或剔除的异常数据)进行数据插值，目前，对变形监测数据插值的研究主要有两类：一类是仅考虑其在时间域的相关性，比如：Lagrange 插值法、Hermite 插值法以及样条插值法等；另外一类是仅考虑了其在空间域的相关性，比如：反距离加权法和空间Kriging 插值法等。但是，根据大量的实践结果表明，边坡变形监测数据的变化不仅与时间属性有关，而且还与空间属性有关系，具有较强的时空相关性。为此，部分学者充分考虑监测点的时空相关性，采用时空插值模型对变形监测数据进行处理，Liu 采用不均匀时空 Kriging 插值算法对滑坡位移进行分析；Gerber 提出了一种准确的遥感数据缺失值的时空预测方法，以此监测地球表面的变化；王建民采用高斯过程回归时空插值法以及 Kriging 时空插值法对监测数据进行了插值分析。但是，上述研究方法与气象数据、大气污染物、温度和地磁场等相关时空插值研究一样，都是将变形监测点看作是固定不变的点进行研究，没有充分考虑监测点会随边坡变形出现空间位置变化的问题，存在一定的不足，而且计算方法较为复杂，不利于矿山专业技术人员使用。由此，为解决边坡变形监测数据异常的问题，本书以越堡露天矿边坡为研究对象，提出一种顾及点位变化的边坡变形监测异常数据时空插值方法，对监测点异常数据进行修正或补充，以获得完整、连续的变形监测数据，为边坡的变形趋势分析提供数据基础。

3.3.1　基本理论

在对上述几种时间域插值函数特点及其适用性进行分析的基础上，考虑到本次越堡露天矿边坡变形监测数据具有非线性、时间间隔较长且不连续等特点，采用线性插值、Lagrange 插值等方法对距离进行时间序列插值计算，都存在一定的不足和局限。本书采用三次样条函数插值的方法对越堡露天矿边坡变形监测异常数据进行时间域的修正和补充，其基本思路如下：

假设存在区间 $[a, b]$，而且在该区间有 $n+1$ 个节点 $a=x_0<x_1<x_2\cdots<x_n=b$，并有函数 $y=f(x)$ 使得各节点的函数值为 $y_i=f(x_i)(i=0, 1, \cdots, n)$，若 $S(x)$ 满足：

（1）插值条件：$S(x_i)=y_i(i=0, 1, \cdots, n)$；

（2）光滑条件：在 $[a, b]$ 上，$S(x)$ 是连续二阶导数；

（3）分段条件：在 $[x_i, x_{i-1}](i=0, 1, \cdots, n)$ 上，$S(x)$ 是 x 的三次多项式。

则可以称 $S(x)$ 为函数 $y=f(x)$ 在 $[a, b]$ 上的三次样条插值函数，其表达式如下：

$$S_i(x)=a_i+b_i(x-x_i)+c_i(x-x_i)^2+d_i(x-x_i)^3(i=0, 1, \cdots, n-1) \quad (3-5)$$

式中：a_i，b_i，c_i，d_i 分别表示为不同区间样条曲线的 $4n$ 个未知数。根据上述基本定义可知，尽管在不同子区间所拟合得到的多项式函数不尽相同，但在其相邻区间连接处的函数值相同，并且是连续、光滑的。由此，所获得的插值能更好地反映出监测点数据的连续性和可靠性。

因此，根据上述三次样条插值的定义，假设 $S(x)$ 在 $[x_{i-1}, x_i](i=1, 2, \cdots, n)$ 区间上其二阶导数 $S''(x)$ 表示为

$$S''(x)=\frac{x-x_i}{-h_i}M_{i-1}+\frac{x-x_{i-1}}{h_i}M_i$$

式中：$h_i=x_i-x_{i-1}$。

由此，通过两次积分可以得到 $S(x)$ 的表达式如下式所示：

$$S(x)=M_{i-1}\frac{(x_i-x)^3}{6h_i}+M_i\frac{(x-x_{i-1})^3}{6h_i}+\left(\frac{y_{i-1}}{h_i}-\frac{M_{i-1}h_i}{6}\right)(x_i-x)+\left(\frac{y_i}{h_i}-\frac{M_ih_i}{6}\right)(x-x_{i-1})$$

$$(3-6)$$

此外，根据函数的插值条件和导数连续条件，假设 $\mu_i=\dfrac{h_i}{h_i+h_{i+1}}$，$\lambda_i=1-\mu_i=$

$\dfrac{h_{i+1}}{h_i+h_{i+1}}$，$d_i=\dfrac{6}{h_i+h_{i+1}}\left(\dfrac{y_{i+1}-y_i}{h_{i+1}}-\dfrac{y_i-y_{i-1}}{h_i}\right)=6f[x_{i-1}, x_i, x_{i+1}]$，则可以得到矩阵，如下所示：

$$\begin{bmatrix} 2 & \lambda_0 & 0 & 0 & \mu_1 \\ \mu_1 & 2 & \lambda_1 & 0 & 0 \\ 0 & \vdots & \vdots & \vdots & 0 \\ 0 & 0 & \mu_{n-1} & 2 & \lambda_{n-1} \\ \lambda_n & 0 & 0 & \mu_n & 2 \end{bmatrix} \begin{bmatrix} M_0 \\ M_1 \\ \vdots \\ M_{n-1} \\ M_n \end{bmatrix} = \begin{bmatrix} d_0 \\ d_1 \\ \vdots \\ d_{n-1} \\ d_n \end{bmatrix} \qquad (3-7)$$

由此，根据上述计算结果，则可以得到任意一个区间的三次样条插值函数，并计算出缺失周期待插点至各样本点的空间距离拟合值。

3.3.2　顾及点位变化的异常数据时空插值

为解决边坡变形监测数据异常的问题，本书以越堡露天矿边坡为研究对象，并结合矿区地形、地貌等实际特点，提出一种顾及点位变化的边坡变形监测异常数据时空插值方法，对监测点异常数据进行修正或补充，以获得准确的监测点数据，为边坡的变形趋势分析提供数据基础，其具体流程如图 3-6 所示。

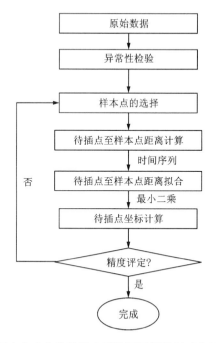

图 3-6　顾及点位变化的边坡变形监测异常数据时空插值方法流程

1.监测点数据异常性检验

变形监测点数据的可靠性是准确预测待插点坐标的基本保证，是边坡监测点变形趋势及稳定性分析的基础。也就是说，当监测点原始数据存在较大误差甚至错误时，将对边坡监测点变形趋势及稳定性分析造成偏差。因此，为保证监测点数据的可靠性，本书依据前述 3σ 准则异常数据检验方法，对变形监测原始数据进行分析和处理，以确定监测点在某时间可能出现数据异常，并对其进行修正或补充，以获得更为连续、准确的三维坐标。

2.样本点的选择

一般来说，待插点的坐标可以通过将待插点周围监测点作为样本点，并依据其三维坐标数据进行空间插值计算求得。由此可以看出，所选择的样本点在一定程度上将影响待插点坐标的插值精度，为更准确地预测待插点的坐标，应按照一定的方法和要求对样本点进行选择。目前，插值样本点的选择主要有以下两种方法：一种是基于确定点数量的选点法，其基本思想是先确定所需固定样本点的数量，然后依据距待插点距离最近的基本方法以确定样本点。另一种方法则是基于动态圆半径的选点法。其基本思想是在依据样本点平均密度的基础上，将待插点设为圆心，以 R 作为半径[R 可以通过构建式(3-8)函数方法来确定]，并确定圆内的样本点。R 可由下式计算：

$$\pi R^2 = 10 \times (A/N) \tag{3-8}$$

式中：N 为监测点总数；A 为区域面积。

鉴于越堡露天矿边坡变形监测点的分布特点，本书采用基于确定点数量的选点法对插值样本点进行选择。

3.待插点至样本点距离的计算

待插点至样本点的三维空间距离是顾及点位变化异常数据时空插值方法的基础，也是计算待插点坐标的最基本参数。因此，计算待插点至样本点的三维空间距离是实现和验证本书所用方法的关键所在。本书依据上述样本点选择方法确定出参与计算的样本监测点，由此，分别计算出各观测周期待插点至各样本点的距离 L_{ij}，如式(3-9)所示。

$$L_{ij} = \sqrt{\left(x_{0j} - x_{ij}\right)^2 + \left(y_{0j} - y_{ij}\right)^2 + \left(z_{0j} - z_{ij}\right)^2} \tag{3-9}$$

式中：$i = 1, 2, \cdots, m$ 为各监测点；$j = 1, 2, \cdots, n$ 为监测点的观测周期；x_{0j}、y_{0j}、

z_{0j} 为待插点各观测周期的坐标；x_{ij}、y_{ij}、z_{ij} 为样本点各观测周期的坐标。

4. 待插点至样本点距离的拟合

拟合缺失或异常观测周期待插点至样本点的距离是本书时空插值方法研究的关键，也是计算待插点缺失或异常观测周期三维坐标的根本。因此，本书在依据计算得到的各观测周期待插点至样本点距离 L_{ij} 数据的基础上，采用三次样条时间序列的方法对缺失或异常周期待插点至样本点的空间距离加以拟合，并得到其拟合距离 L_{ip}（p 为待插点数据存在缺失或异常时的观测周期，$p=1$，2，$\cdots$，n）。

5. 待插点坐标的求算

本书依据上述方法拟合得到的缺失或异常观测周期待插点至样本点的距离 L_{ip}，并结合式（3-9），采用最小二乘的方法，计算出待插点缺失或异常观测周期的三维坐标。

6. 插值精度检验

为保证插值、修复数据的可靠性，本书采用距离均方根误差 R_{MSE}，验证待插点三维坐标的插值精度，R_{MSE} 计算公式如下：

$$R_{\mathrm{MSE}} = \pm \sqrt{\frac{\sum_{i=1}^{p}\left(L_{p} - L_{p}^{*}\right)^{2}}{p}} \qquad (3-10)$$

式中：p 为待插点至样本点距离的个数；L_{p} 为第 10 期待插点至各样本点的距离；L_{p}^{*} 为第 10 期待插点至各样本点的内插拟合距离。

3.3.3 实验数据及可行性分析

为验证上述时空插值计算结果的适用性、可行性和可靠性，本书拟定两种分析方案：一是随待插点至样本点空间距离的变化，二是样本点的分布等两种方案，分别对其插值结果精度进行对比和分析。为此，本书在分析越堡露天矿边坡变形监测点数量及其分布特点的基础上，首先选择不存在数据丢失或缺失的边坡变形监测点 JC03 作为实验对象，并将第 1 期至第 15 期数据作为实验数据，然后采用上述研究方法再对待插点第 10 期数据进行坐标插值，最后再进行数据精度的检验。

1. 样本点的分布

为了分析样本点的分布对插值结果及其精度的影响，本方案分别选择

S1：JC03、JC04、JC05、JC35、JC36、JC38 和 S2：JC03、JC04、JC35、JC36、JC37、JC38 两种各 6 个监测点作为实验研究对象，其中，JC03 监测点作为实验待插点（其原始监测值，$x = 1252.648$ m，$y = 350.575$ m，$z = 65.739$ m，下同），其余 5 个监测点作为实验样本点。根据上述顾及点位变化的边坡变形监测异常数据时空插值方法，得到不同样本点分析情况下实验待插点 JC03 第 10 期的拟合插值及其误差如表 3-4 所示。

表 3-4　不同样本点分布情况下待插点 JC03 的拟合插值结果及误差

序号	样本点	待插点 JC03 插值拟合坐标			R_{MSE}/mm
		x/m	y/m	z/m	
S1 （分布较均匀）	JC04、JC35、JC36、JC37、JC38	1252.654	350.595	65.755	2.17
S2 （分布不均匀）	JC04、JC05、JC35、JC36、JC38	1252.655	350.611	65.767	2.56

2.待插点至样本点空间距离的变化

为分析插值结果及其精度随待插点至样本点空间距离变化（逐渐增大）的影响，本方案分别选择 S1：JC03、JC04、JC35、JC36、JC37、JC38；S2：JC03、JC05、JC35、JC36、JC37、JC39 以及 S3：JC03、JC07、JC35、JC36、JC37、JC40 三种各 6 个监测点作为实验研究对象，其中，JC03 监测点作为实验待插点，其余 5 个监测点作为实验样本点。由此，根据上述顾及点位变化的边坡变形监测异常数据时空插值方法，得到实验待插点 JC03 第 10 期的插值结果随待插点至样本点空间各点的平均距离变化如表 3-5 所示。

表 3-5　不同空间距离情况下待插点 JC03 的拟合插值结果及误差

序号	样本点	待插点 JC03 插值拟合坐标			R_{MSE}/mm
		x/m	y/m	z/m	
S1 （分布较近）	JC04、JC35、JC36、JC37、JC38	1252.654	350.595	65.755	2.17

续表3-5

序号	样本点	待插点 JC03 插值拟合坐标			R_{MSE}/mm
		x/m	y/m	z/m	
S2 (分布一般)	JC05、JC35、JC36、JC37、JC39	1252.653	350.589	65.751	2.25
S3 (分布较远)	JC07、JC35、JC36、JC37、JC40	1252.651	350.584	65.749	2.21

根据上述距离均方根误差 R_{MSE} 对越堡露天矿边坡变形监测实验数据的坐标插值验证结果表明：

(1)样本点的分布对待插点坐标拟合结果及其精度的影响比较大，样本点分布越均匀，插值点的坐标拟合精度越高，其距离 R_{MSE} 由 2.56 mm 提高到了 2.17 mm；反之，其精度越低。此外，样本点的数量对待插点坐标拟合结果也有一定的影响，样本点数越多，其插值拟合精度相对更高；反之，精度更低。

(2)在样本点分布较为均匀(待插点四周均存在有样本点)的情况下，待插点至样本点空间距离的变化对待插点坐标拟合精度的影响较小，距离 R_{MSE} 基本维持在 2.2 mm 左右，但是随着距离的增大，插值拟合坐标更接近于实际值，究其原因是由于较远点对待插点的影响较小造成的。

(3)该方法在对变形监测异常数据处理的过程中，顾及了变形监测点随边坡变形而变化的特点，充分考虑了监测点变形的时间相关性以及监测点之间的空间相关性，充分体现了监测点的时空相关性，其插值结果相比于仅考虑时间域和空间域的插值结果更合理，而且该方法相对其他时空插值方法来说计算也更简便。

(4)由于待插点的插值拟合坐标是依据各样本点至待插点的时间序列拟合距离最小二乘的方法计算得到的，其精度受拟合距离的影响较大。因此，为保证插值点坐标的精度，应当选择合适的时间序列方法保证拟合距离的可靠性。

(5)该方法简单、易懂，可以用于矿山测量技术人员解决变形监测异常数据处理的问题。实验得到的结果具有一定的可行性和可靠性，能够满足边坡工程施工的需要，对指导变形监测点的布设以及处理异常监测数据具有重要的理论价值和实践意义。

3.4　HP1 边坡变形趋势分析

对越堡露天矿边坡进行变形监测,其目的就是通过采集到的监测点数据,分析监测点的变形趋势,进而为分析边坡的变形提供依据。本书在对变形监测异常数据进行插补时,在保证监测数据的连续性和准确性的基础上,分别采用位移-时间曲线、位移速率-时间曲线以及三维位移矢量相结合的方法对监测点及边坡的变形进行分析,为后续边坡的防治提供理论依据。

3.4.1　边坡监测点水平及沉降位移变形趋势分析

边坡的变形具有很强的时间和空间效应,本书通过建立位移-时间以及位移速率-时间的关系曲线,对边坡监测点水平及沉降位移变形进行分析,反映各监测点随时间的变化趋势,分析边坡的变形及其稳定性状态。鉴于此,本书依据越堡露天矿西侧 HP1 边坡 2016 年 12 月至 2018 年 3 月所采集并检验后的实际监测数据为基础,将首次(2016 年 12 月 10 日)采集的三维坐标数据设定为边坡各监测点 x、y、z 方向的变形位移累计量计算的初始参考值,由此,可以计算出各期各监测点的累计变形量(监测点首次三维坐标累计变化量记为 0),进而得到各监测点的水平及沉降累计位移-时间变形趋势曲线如图 3-7 至图 3-9 所示以及位移速率-时间变形趋势曲线如图 3-10 至图 3-12 所示。

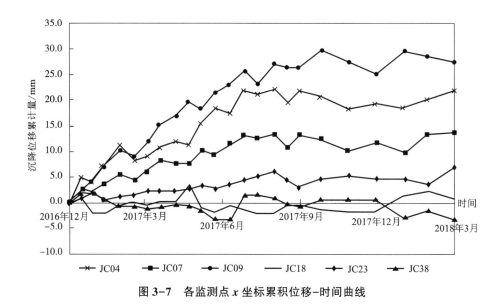

图 3-7　各监测点 x 坐标累积位移-时间曲线

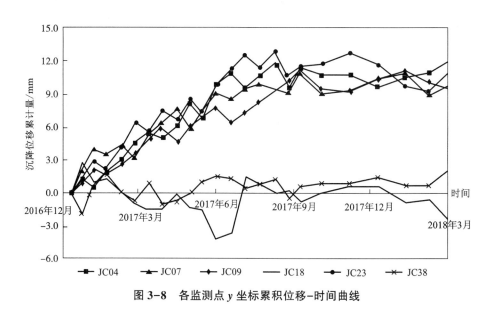

图 3-8　各监测点 y 坐标累积位移-时间曲线

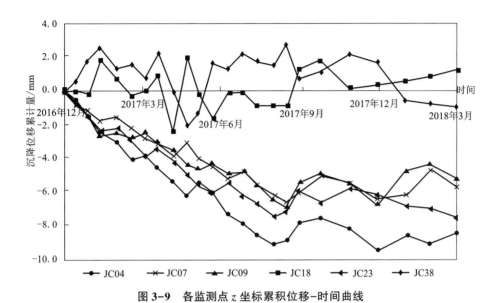

图 3-9　各监测点 z 坐标累积位移-时间曲线

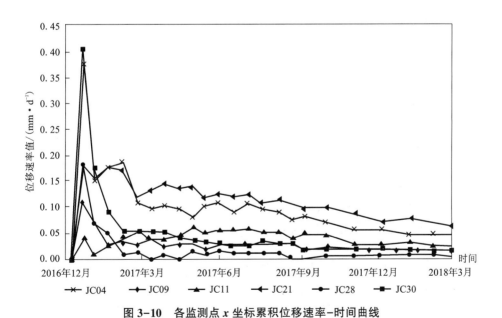

图 3-10　各监测点 x 坐标累积位移速率-时间曲线

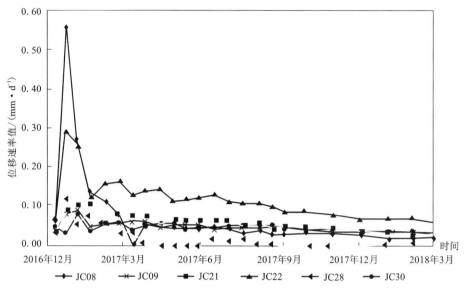

图 3-11　各监测点 y 坐标累积位移速率-时间曲线

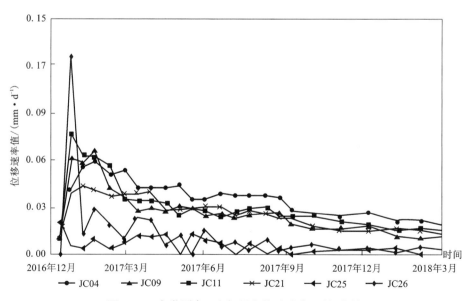

图 3-12　各监测点 z 坐标累积位移速率-时间曲线

根据图 3-7 至图 3-12 各监测点 x、y、z 方向位移-时间曲线以及位移速率-时间曲线,可以得到越堡露天矿西侧 HP1 边坡各监测点的水平及沉降变化情况,反映出边坡的变形规律和稳定性状态。

(1)根据图 3-7 各监测点 x 方向的累计位移-时间曲线结果显示,西侧 HP1 边坡除 JC16、JC17、JC18、JC25、JC26、JC27、JC28 以及 JC37、JC38、JC39、JC40 等监测点 x 方向的变形量变化不大,基本维持在 ±4 mm 波动外,其他各监测点 x 方向的变形量随着时间的推移,出现逐渐变大的现象,并于 2017 年 8 月前后达到最大值,此后逐渐保持稳定。其中 JC12 监测点 x 方向最大变形达到 31.3 mm,JC11 和 JC22 监测点达到 25 mm 左右外,其他各监测点 x 方向最大变形量都不超过 15 mm。此外,根据图 3-10 各监测点 x 坐标累积位移速率-时间曲线结果显示,各监测点 x 方向累积位移速率也在第一个周期内增加比较大,此后逐渐减小,并最终达到基本稳定状态,从图 3-10 中可以看出,JC08 监测点 x 方向最大累积位移速率达到 0.55 mm/d,而 JC16、JC17、JC18、JC25、JC26、JC27、JC28 以及 JC37、JC38、JC39、JC40 等监测点 x 方向的位移速率要么变化非常小,要么基本不发生变化。

(2)同样,根据图 3-8 各监测点 y 方向的累计位移-时间曲线结果显示,西侧 HP1 边坡除 JC16、JC17、JC18、JC25、JC26、JC27、JC28 以及 JC37、JC38、JC39、JC40 等监测点 y 方向的变形量变化不大,基本维持在 ±3 mm 波动外,其他各监测点 y 方向的变形量随着时间的推移,逐渐变大,并于 2017 年 8 月前后达到最大值,此后逐渐保持稳定。其中 JC09 监测点 y 方向最大变形达到 29.6 mm 外,其他各监测点 y 方向最大变形量都不超过 20 mm。此外,根据图 3-11 各监测点 y 坐标累积位移速率-时间曲线结果显示,各监测点 y 方向累积位移速率在第一个周期内增加比较大,但此后逐渐减小,并最终达到基本稳定状态,从图 3-11 中可以看出,JC30 监测点 y 方向最大累积位移速率达到 0.4 mm/d,而 JC16、JC17、JC18、JC25、JC26、JC27、JC28 以及 JC37、JC38、JC39、JC40 等监测点 y 方向的位移速率基本在 0.01 mm/d 附近波动。

(3)根据图 3-9 各监测点 z 方向的累计位移-时间曲线结果显示,西侧 HP1 边坡整体 z 方向的变形量较小,波动不大,最大沉降量出现在 2017 年 12 月 8 日 JC04 处,为 9.5 mm,并且 JC16、JC17、JC18、JC25、JC26、JC27、JC28 以及 JC37、JC38、JC39、JC40 等监测点变形量基本保持在 ±3 mm 左右波动。此外,从图 3-12 也可以发现,所有监测点 z 方向的位移速率与水平位移速率变化情况基本一致,

变化较大情况出现在滑坡初期，最大也仅为 0.13 mm/d，而且后期速率变化都较小并趋于稳定。

综合上述分析，并结合监测点的布设情况可知，由于 JC16、JC17、JC18、JC25、JC26、JC27、JC28 等监测点处于西侧 HP1 边坡 5 线附近，远离边坡塌陷区，受影响程度较小，基本不发生变形，所处边坡稳定性较好，该区域发生滑坡的可能性很小。JC37、JC38、JC39、JC40 等监测点处于 1 线和 2 线之间，虽然离塌陷区较近，但由于其处于边坡底部，在边坡底不开挖的情况下，稳定性较好。而其他监测点在受降雨、渗流等因素的综合影响下，尽管在 2017 年 8 月份之前都朝同一个方向发生了不同程度的变形，但较大水平变形点主要集中在 3 线和 4 线附近，其中 JC12 变形程度最大，达到了 35.8 mm，JC09 次之，达到 31.5 mm，而其他监测点水平变形量大都小于 20 mm，并且所有监测点的水平和沉降位移速率变化较大情况也仅出现在滑坡初期，后期速率变化都较小并趋于稳定，所有监测部位均未出现再次崩塌（或滑坡）的现象。此外，随着对塌陷区边坡的进一步治理，2017 年 8 月之后，各监测点的变形基本保持稳定，未见进一步扩大的趋势，边坡基本保持稳定状态，预测结果与边坡的实际状态基本一致。由此可见，位移-时间曲线以及位移速率-时间曲线能在分析边坡的稳定性状态具有一定的可行性。

3.4.2 边坡三维位移矢量变形趋势分析

在 3.4.1 小节中，利用位移-时间曲线以及位移速率-时间曲线定性地分析了边坡的变形趋势及稳定性状态，但仅对边坡的位移变形量及位移速率变化大小进行了分析，而忽视了对边坡滑动方向的研究。为此，本节将采用既能反映监测点变形量大小又能反映其滑动方向的三维位移矢量法对边坡的变形趋势及其稳定性状态进行分析，以便更直观、准确地反映出边坡的变化发展趋势。

根据三维位移矢量分析法的基本思路，可以得到边坡监测点三维位移矢量位移量的计算方法如下式所示：

$$S = \sqrt{\Delta x^2 + \Delta y^2 + \Delta z^2} \tag{3-11}$$

位移矢量方位角计算方法如下式所示：

$$\alpha = \arctan \frac{\sqrt{\Delta x^2 + \Delta y^2}}{\Delta z} \tag{3-12}$$

式中：Δx、Δy、Δz 为依据各方向监测点的起始坐标（2016 年 12 月 10 日所采集的

三维数据)为参考值进行计算, 由此, 根据式(3-11)和式(3-12)通过 MATLAB 编程的方法实现监测点三维位移矢量变形分析, 其计算流程如图 3-13 所示。

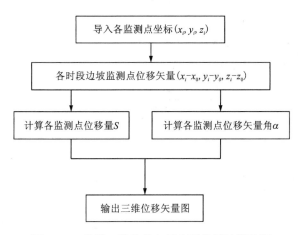

图 3-13　边坡三维位移矢量变形分析计算流程

为了更清晰地反映各监测的变形变化情况, 本书分成 2016 年 12 月至 2017 年 03 月、2017 年 04 月至 2017 年 08 月以及 2017 年 09 月至 2018 年 03 月三个时间段分别计算得到各监测点的位移矢量结果如表 3-6 所示, 以及 2016 年 12 月至 2017 年 08 月和 2017 年 09 月至 2018 年 03 月的三维位移矢量如图 3-14 和图 3-15 所示, 但由于露天矿边坡各监测点的位移量较小, 不能清晰地反映出其变化趋势, 本书将其位移量放大 3000 倍, 并通过 MATLAB 编程的方法, 绘制出边坡各监测点的三维位移矢量变化图, 其中, 线段的长度表示位移量的大小, 而箭头指向方位表示监测点的移动方向。

表 3-6　不同时间段各监测的位移矢量

监测点	位移量 S/mm			位移矢量角 α/(°)		
	2016.12—2017.03	2017.04—2017.08	2017.09—2018.03	2016.12—2017.03	2017.04—2017.08	2017.09—2018.03
JC01	12.258	27.475*	27.631*	-1.230	-1.247*	-1.261*
JC02	11.715	25.728*	25.696*	-1.281	-1.319*	-1.343*
JC03	12.862	26.641	26.547	-1.211	-1.224	-1.249

续表3-6

监测点	位移量 S/mm			位移矢量角 α/(°)		
	2016.12—2017.03	2017.04—2017.08	2017.09—2018.03	2016.12—2017.03	2017.04—2017.08	2017.09—2018.03
JC04	8.494	23.018	23.448	−1.227	−1.302	−1.360
JC05	10.159	18.282	18.465	−1.152	−1.196	−1.257
JC06	10.628	17.048	16.342	−1.265	−1.194	−1.229
JC07	10.936	17.463	17.948	−1.281	−1.205	−1.247
JC08	8.720*	13.946*	11.845	−1.221*	−1.108*	−1.011
JC09	16.668	32.127	32.446	−1.381	−1.348	−1.390
JC10	7.492	14.250	14.875	−1.185	−1.114	−1.235
JC11	15.835	28.921	28.877	−1.334	−1.311	−1.300
JC12	16.526	35.875	36.322	−1.334	−1.375	−1.405
JC13	9.719	17.219	15.902	−1.212	−1.229	−1.197
JC14	8.383	16.906	14.571	−1.122	−1.174	−1.133
JC15	9.647	16.265	15.596	−1.122	−1.190	−1.172
JC16	1.120	2.054	3.617	−1.128	−0.910	1.356
JC17	0.903	2.772	2.840	−1.471	−1.066	−1.192
JC18	1.523	2.325	3.301	−0.963	−1.169	−1.192
JC19	7.255	15.424	16.309	−1.069	−1.099	−1.162
JC20	7.823	15.179	13.243	−1.065	−1.127	−1.142
JC21	8.999	15.522	14.172	−1.074	−1.147	−1.154
JC22	15.595	28.631	28.130	−1.263	−1.261	−1.242
JC23	8.548	15.992	15.257	−1.159	−1.086	−1.056
JC24	9.625	15.718	14.075	−1.233	−1.142	−1.130
JC25	4.357	2.174	4.081	−1.287	−1.488	−1.197
JC26	3.672	4.675	2.942	−0.880	−1.044	−0.988
JC27	1.331	2.382	4.544	−0.650	−0.758	−1.301
JC28	1.018	3.449	3.145	−0.976	−0.973	−1.183
JC29	7.166	14.189	14.806	−1.086	−1.117	−1.195
JC30	7.778	13.595	13.220	−1.237	−1.143	−1.157

续表3-6

监测点	位移量 S/mm			位移矢量角 α/(°)		
	2016. 12—2017. 03	2017. 04—2017. 08	2017. 09—2018. 03	2016. 12—2017. 03	2017. 04—2017. 08	2017. 09—2018. 03
JC31	7. 592	16. 429	15. 658	−0. 847	−1. 023	−1. 025
JC32	9. 806	11. 641	10. 973*	−1. 338	−1. 196	−1. 253*
JC33	12. 527	17. 472	15. 661*	−0. 972	−1. 106	−0. 859*
JC34	10. 504	16. 705	14. 529*	−1. 018	−1. 283	−1. 178*
JC35	11. 713	18. 525	15. 389	−1. 289	−1. 270	−1. 241
JC36	9. 905	18. 476	16. 863	−1. 187	−1. 212	−1. 188
JC37	2. 048	2. 463	2. 258	0. 927	0. 731	0. 805
JC38	2. 486	2. 293	3. 896	0. 534	0. 858	0. 632
JC39	3. 020	2. 697	2. 421	0. 516	0. 474	0. 546
JC40	2. 057	2. 359	2. 638	0. 566	0. 424	0. 518

注：* 为插值修正后得到的数据。

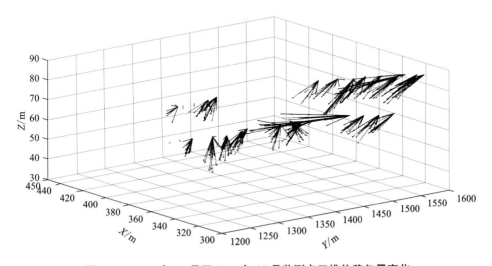

图 3-14　2016 年 12 月至 2017 年 08 月监测点三维位移矢量变化

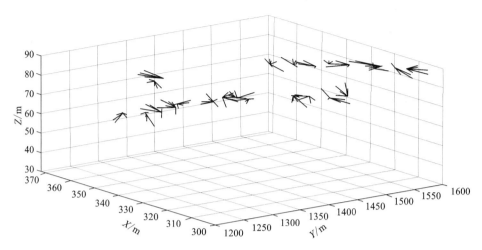

图 3-15 2017 年 09 月至 2018 年 03 月监测点三维位移矢量变化

从表 3-7、图 3-14 以及图 3-15 中可以看出，JC16、JC17、JC18、JC25、JC26、JC27、JC28、JC37、JC38、JC39 和 JC40 等 11 个监测点的位移量及其位移矢量角变化都较小，表明这些监测点较为稳定，相对应区域的边坡基本没有发生变形。而其他变形监测点在 2016 年 12 月至 2017 年 8 月前后时间段内，监测点的变形方向较为一致，基本上都是沿着边坡面指向边坡底的方向，说明在该时间段内，边坡体有朝着坡底方向发生变形的趋势，而且从 2016 年 12 月份到 2017 年 8 月份，监测点的变形量逐渐增大，最大变形量发生在 JC12 监测点处，达到了 36.3 mm 左右，JC09 次之，而其他各监测点的位移量都相对比较小，大多数都小于 20 mm，这与前述研究方法所分析的监测点变形情况基本一致。此外，从 2017 年 9 月之后，边坡各监测点的矢量方向变化规律不明显，呈现出较为离散的变化趋势，而且监测点位移变化量也较小，说明在该时间段内，各监测点的变化不明显，较为稳定，表明边坡基本处于稳定状态。由此可以看出，采用边坡变形监测点三维位移矢量变化图能够更直观、形象地描述边坡体的变化发展趋势，具有一定的可行性和实用性。

3.4.3　HP1 边坡变形趋势分析

综上所述,通过对 3.4.1 节和 3.4.2 节中有关 HP1 边坡变形趋势分析可以得出以下结论:

(1)JC16、JC17、JC18、JC25、JC26、JC27、JC28、JC37、JC38、JC39 和 JC40 等 11 个变形监测点基本处于稳定状态,发生滑坡的概率较小。而水平变形较大区域主要集中在 3 线和 4 线附近,特别是在监测初期,监测点变形速率较大,应重点关注该区域边坡的稳定性状态,并提前做好预防措施。

(2)除上述 11 个监测点外,其他监测点于 2016 年 12 月至 2017 年 08 月间,其变形矢量都朝着坡底方向,而且位移量有逐渐增大的趋势,但在 2017 年 09 月至 2018 年 03 月间,其矢量变化离散且位移量变化稳定,表明监测点渐趋稳定,对边坡采取的治理措施有效、可行。

(3)将上述两种分析方法相结合,能更为直观、形象地反映出越堡露天矿 HP1 边坡各监测点的变形趋势,多角度、多方位地分析出 HP1 边坡的稳定性状态,同时,也可确定其变化发展方向,并计算出其变形位移量及变形速率的大小,为该矿山企业的安全生产及管理起到了指导性作用。

第4章　露天矿边坡稳定性评价指标的挖掘及机理分析

正确评价露天矿边坡的稳定性，是实现矿山安全生产和有效管理的重要方法和手段，而在此评价过程中，全面、准确地选择有效评价指标是关键。目前，国内外相关方面的研究大部分依据的是实际经验、专家咨询、相似矿山类比等方法来确定边坡稳定性评价指标，尽管这些方法在评价边坡的稳定性上都取得了一定的效果，但却依然存在一定的不足，具有一定的片面性和主观性。而目前，从查阅的现有参考文献来看，在矿山边坡稳定性评价指标挖掘方面的研究还相对较少，而且缺乏对所挖掘评价指标进行可靠性和有效性的分析。因此，为提高边坡稳定性评价精度，挖掘既可靠又有效的评价指标，是矿山边坡稳定性研究急需解决的一个关键问题，也是本章所要解决的主要内容。

鉴于此，本章在大量搜集露天矿边坡稳定性影响因子(评价指标)的基础上，结合越堡露天矿边坡实际，采用定性筛选和定量筛选相结合的方法，实现对边坡评价指标体系的挖掘。在本章的研究方法中，定性筛选是基础，定量筛选则是关键，它是在定性筛选的基础上，通过建立改进的灰色关联度模型，挖掘出主要评价指标体系，然后通过引入效度系数 β 和可靠性系数 ρ，分析评价指标体系的有效性、稳定性及可靠性。在此基础上，采用 UDEC 数值模拟的方法，揭示其影响机理，为后续边坡稳定性动态评价模型的建立奠定基础，也为边坡的治理分析提供理论参考。

4.1　露天矿边坡稳定性评价指标筛选的基本思想

为全面、准确地筛选出影响露天矿边坡稳定性的评价指标,本书在对评价指标进行初选的基础上,采用定性筛选与定量筛选相结合的方法,并遵从唯一性、目的性、可行性和可观测性四大基本原则,实现对边坡稳定性评价指标的挖掘。其四大基本原则具体表述如下:

(1)唯一性——依据不同矿山实际情况,指标具有其自身独特性,删除信息重叠、冗余和无用指标;

(2)目的性——明确边坡稳定性评价的目的,删除不能切实反映露天矿边坡稳定性特征的指标;

(3)可行性——对于所要筛选的指标,应当能够保质保量的获取,保证指标的可操作性;

(4)可观测性——筛选出的指标必须保证其含义的清晰、明确,并可以通过直接或间接的方式测量出其参数值。

在此基础上,本书提出评价指标体系挖掘的基本思想并绘制出其计算流程图,如图 4-1 所示。

(1)初选:大量搜集国内外露天矿边坡稳定性评价指标;

(2)定性筛选:在初选评价指标的基础上,根据边坡实际,定性筛选出与研究区域越堡露天矿边坡稳定性有关的评价指标;

(3)定量筛选:在定性筛选结果的基础上,进一步采用改进的灰色关联度模型对其进行定量筛选,得到适用于越堡露天矿边坡稳定性评价的指标体系;

(4)有效性及可行性分析:基于统计学相关理论,引入效度系数 β 和可靠性系数 ρ,分析该评价体系的有效性、稳定性、可靠性和可行性。

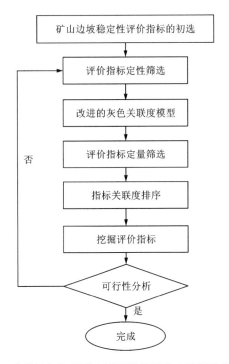

图 4-1　基于改进的灰色关联度模型的边坡稳定性评价指标挖掘流程

4.2　露天矿边坡稳定性评价指标的初选

　　边坡稳定性的影响因素众多、复杂，不同的边坡，其稳定性状态也有所不同，其评价指标也存在一定的区别，不能一概而论，应区别分析。因此，为全面、准确地确定边坡的稳定性影响因素，本书结合国内外露天矿边坡稳定性评价的研究成果，梳理并初选出 62 个影响露天矿边坡稳定性的常用评价指标，如表 4-1 所示。

表 4-1　影响露天矿边坡稳定性的评价指标

序号	指标名称	序号	指标名称	序号	指标名称
1	岩石质量	22	天然斜坡状况	43	黏聚力
2	岩石软化系数	23	地面曲率	44	内摩擦角
3	岩石容重	24	地表粗糙度	45	单轴抗压强度
4	岩体结构	25	断层影响距	46	弹性模量
5	风化程度	26	道路影响距	47	软弱面与边界临空面关系
6	地质构造	27	河流影响距	48	冲沟发育及切割程度
7	地层岩性	28	汇水面积	49	植被覆盖率
8	坡体结构	29	开挖高度比	50	微地貌
9	岩土层透水性	30	开挖坡角	51	土地利用类型
10	岩体声波速度	31	边坡角	52	坡体建筑物分布情况
11	岩体钻进速度	32	坡顶加载	53	地表水
12	结构面产状及延续性	33	采空塌陷	54	水文条件
13	结构面发育程度	34	爆破作业	55	距水系距离
14	结构面间距	35	地震烈度	56	水系密度
15	边坡高度	36	原地浸矿注液强度	57	地下水体
16	边坡坡度	37	温度影响	58	地下水位
17	滑体体积	38	排水减压	59	月最大降雨量
18	坡角冲刷特征	39	锚固支护	60	开挖坡向与原山坡倾向差
19	节理(破碎程度)	40	河岸冲刷	61	降水对坡面冲刷的影响
20	滑坡体高度	41	岩土层透水性	62	开挖坡与原山坡坡角差
21	断裂密度	42	地应力		

4.3　HP1 边坡稳定性评价指标的定性筛选

4.3.1　研究区边坡稳定性影响因素分析

一般来说,诱发露天矿边坡稳定性的因素主要有以下三个:一是地质条件;二是水文条件;三是内外营力和人为作用等因素的影响。由此,根据第 2 章中越

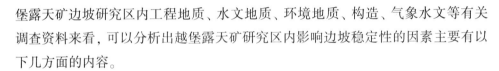

堡露天矿边坡研究区内工程地质、水文地质、环境地质、构造、气象水文等有关调查资料来看，可以分析出越堡露天矿研究区内影响边坡稳定性的因素主要有以下几方面的内容。

1.地形地貌

越堡露天矿研究区处在低山丘陵以及河流阶地相交的区域，原地表多为鱼塘，地形较为平坦开阔，但地貌类型比较复杂。地形经采矿活动削坡后，边坡变陡，呈现上陡中缓下陡的形态，对边坡的滑坡造成影响。

2.岩土类型

边坡岩土体遇水易软化，风化炭质页岩失水干裂，在水的作用下其性质更容易变差。区域资料以及研究区综合地质调查成果表明，研究区地层主要有石炭系和第四系覆盖层，页岩与砂岩软硬相间的岩层对边坡的稳定性影响较大，均可能导致边坡发生滑坡、崩塌。

3.地质构造

岩土体被构造面分割成不连续状是导致边坡下滑的基本条件，并为降雨的入渗提供了条件。研究区位于北东向冯村背斜南端，附近地质构造以北东向褶皱为主，北西向褶皱及断裂次之，受区域褶皱及断裂构造的影响，研究区及附近区域发育有一些次生断裂。而本边坡位于断裂东侧，断层对研究区影响较大，其影响范围内可见断层擦痕、岩层扭曲、错断、断层角砾，造成研究区边坡岩层节理裂隙发育且产状多变，岩体破碎，为边坡的崩塌及滑坡提供了条件。

4.水文条件

研究区位于亚热带季风气候区，年降雨量高，雨季长，降雨易冲刷坡面并形成淋滤作用，对边坡稳定性构成不利影响。此外，研究区地表鱼塘与研究区地下水水力联系密切，对边坡稳定性有重要影响，受鱼塘水影响，地表水向矿坑方向下渗，但受矿坑边缘灰岩矿体的相对阻水作用，下渗地表水未能通过岩溶裂隙全部排泄，部分地表水在滑坡段坡顶地表以上升泉的形式轻微渗出。另外，矿坑底部集水池，为研究区集排水系统组成部分，分布在研究区边坡东侧坡脚，水位较矿底周边低约30 cm，该排水系统对研究区地下水影响较小。矿区场地岩溶裂隙水不均匀富集于岩溶裂隙中，地下水主要赋存于岩石岩溶裂隙发育带中，具各向异性。

5. 内外营力和人为作用的影响

矿区场地抗震设防烈度基本为 6 度,基本能够满足矿区的安全生产,外界营力对边坡的影响相对较小,其边坡崩塌、滑坡的主要诱发因素是降雨及不合理的人类活动(如开挖坡脚等)。

4.3.2　研究区边坡稳定性评价指标定性筛选

从表 4-1 所搜集的评价指标来看,露天矿边坡稳定性评价涉及的指标众多,而庞大烦琐的指标集,一方面在某种程度上将其主要评价指标的重要性予以弱化,另一方面由于各评价指标之间具有一定的相关性,其所表达的信息冗余,导致在计算时徒增工作量。因此,在实际边坡评价工作中,并不是所选择的评价指标越多越好,而在于所选指标集能否准确地反映其本质,一般来说,为减少计算工作量,提高工作效率,应尽量选择"主要"评价指标对其进行评价,而对于评价指标集中存在的部分"次要"评价指标,应分清主次、合理判断,以保证评价结果准确的同时又不失评价指标选择的片面性。鉴于此,本书依据上述研究区边坡稳定性影响因素分析的基本内容,并遵循指标筛选四大基本原则,在初选 62 个评价指标结果的基础上,对该矿区边坡稳定性评价指标体系进行定性筛选,以保证定性筛选后的指标可进一步量化分析。由此,本书定性筛选出了 22 个与该矿区边坡有关的评价指标,其结果如表 4-2 所示。

表 4-2　定性筛选的评价指标

指标序号	指标名称	指标序号	指标名称
指标 1	岩体结构	指标 12	岩土层透水性
指标 2	地应力	指标 13	结构面发育程度
指标 3	岩石质量	指标 14	滑坡体高度
指标 4	边坡高度	指标 15	边坡角
指标 5	节理(破碎程度)	指标 16	单轴抗压强度
指标 6	地下水体	指标 17	地层岩性
指标 7	地下水位	指标 18	地表水
指标 8	内摩擦角	指标 19	水系分布密度
指标 9	黏聚力	指标 20	水文条件
指标 10	月最大降雨量	指标 21	开挖坡角
指标 11	边坡坡度	指标 22	地质构造

4.4 顾及效度系数和可靠性系数的边坡稳定性评价指标定量筛选

4.4.1 基本理论和方法

1. Delphi 法

Delphi 法实质就是一种匿名反馈咨询的方法，又称为专家调查打分法，目前将该方法与层次分析法、主成分分析法相结合进行评价指标体系筛选应用较为广泛，并取得了良好的效果。其基本步骤为：①将所需要调查和预测的问题形成调查问卷；②邀请业内专家对问卷进行评分或给出意见；③将搜集到的评分及意见进行整理、归纳、统计；④将统计的评分及意见再次反馈给专家；⑤专家再次给出评分及意见，并再次进行整理、归纳、统计；⑥反复验证上述结论，直至各评委的评分一致，意见统一。Delphi 法评价流程图如图 4-2 所示。

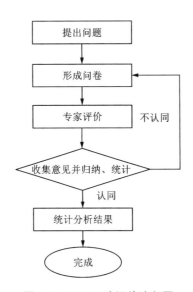

图 4-2 Delphi 法评价流程图

2. 改进的灰色关联度模型

灰色关联分析是以灰色理论为基础，并通过分析事物的变化趋势以确定其关联程度。当它们之间的变化趋势一致时，则可认为两者具有较高的关联性，反之，其关联程度则较低。因此，可以将其基本思路表述为：首先将评价指标分为参考数据和评价数据两类，在此基础上，计算出各类数据间的关联程度，如果其关联程度越大，说明两者之间的变化趋势就越一致，评价指标就越重要，也就认为其对整个系统或子系统的影响越大。目前，该方法现已成为影响因素间主控因素分析的重要手段，并在各领域得到广泛应用。

然而，一般来说，要计算评价指标的关联度，首先应先将其数据无量纲化。现假设将 $X_j = \{ x_j(k) | k = 1, 2, \cdots, n \}$ 设定为指标 j 的行为序列，并求算出 $x_j(k) = x_j(k) / x_j(1)$，其中，$k = 1, 2, \cdots, n$；$j = 1, 2, \cdots, m$，为后续计算提供便利。

假设将指标 1 当作参考序列，并将 $\Delta_{1j}(k)$ 表示为 k 点在 $x_1(k)$ 与 $x_j(k)$ 差值的绝对值，也即为：$\Delta_{1j}(k) = | x_1(k) - x_j(k) |$（$k = 1, 2, \cdots, n; j = 2, 3, \cdots, m$），并将其序列差进行汇总，得到差值矩阵 $\boldsymbol{\Delta}$：

$$\boldsymbol{\Delta} = \begin{bmatrix} \Delta_{12}(1) & \Delta_{13}(1) & \cdots & \Delta_{1m}(1) \\ \Delta_{12}(2) & \Delta_{13}(2) & \cdots & \Delta_{1m}(2) \\ \vdots & \vdots & \cdots & \vdots \\ \Delta_{12}(n) & \Delta_{13}(n) & \cdots & \Delta_{1m}(n) \end{bmatrix} \tag{4-1}$$

根据式（4-1），得到差值矩阵 $\boldsymbol{\Delta}$ 中的最大值和最小值，并将其分别用 $\boldsymbol{\Delta}_{\max}$ 和 $\boldsymbol{\Delta}_{\min}$ 加以表示。由此，可以得到 k 点处 $x_1(k)$ 与 $x_j(k)$ 的关联系数 $\eta_{1j}(k)$：

$$\eta_{1j}(k) = (\boldsymbol{\Delta}_{\min} + \lambda \boldsymbol{\Delta}_{\max}) / (\Delta_{1j}(k) + \lambda \boldsymbol{\Delta}_{\max}) \tag{4-2}$$

式中：$\lambda \in [0, 1]$ 为分辨系数，只用来调节 $\eta_{1j}(k)$ 的大小，通常来说，λ 的取值一般为 0.5，由此，得到关联系数矩阵 $\boldsymbol{\eta}$，如式（4-3）所示：

$$\boldsymbol{\eta} = \begin{bmatrix} \eta_{12}(1) & \eta_{13}(1) & \cdots & \eta_{1m}(1) \\ \eta_{12}(2) & \eta_{13}(2) & \cdots & \eta_{1m}(2) \\ \vdots & \vdots & \cdots & \vdots \\ \eta_{12}(n) & \eta_{13}(n) & \cdots & \eta_{1m}(n) \end{bmatrix} \tag{4-3}$$

由此，依据 n 个样本矩阵 $\boldsymbol{\eta}$ 中各不相等的关联系数，并用式（4-4）求算出其平均值 η_{1j}，其所得到的结果即为参考指标 1 与第 j 个指标的关联度。

$$\eta_{1j} = \frac{1}{n}\sum_{k=1}^{n}\eta_{1j}(k)\,(j = 2,\,3,\,\cdots,\,m) \tag{4-4}$$

类似地，依次以其他指标作为主序列计算关联度，得到关联矩阵 E。

$$E = \begin{bmatrix} 1 & \eta_{12} & \cdots & \eta_{1m} \\ \eta_{21} & 1 & \cdots & \eta_{2m} \\ \vdots & \vdots & \cdots & \vdots \\ \eta_{m1} & \eta_{m2} & \cdots & 1 \end{bmatrix} \tag{4-5}$$

由此，根据式(4-6)可以计算出相应的关联度 η_i，并且关联度 η_i 越大，表明该指标在系统中体现出来的作用就越重要。因此，在实际应用中，通过对关联系数进行大小排序，以确定其重要性。

$$\eta_i = \frac{1}{m}\sum_{j=1}^{m}\eta_{ij}\,(i = 1,\,2,\,\cdots,\,m) \tag{4-6}$$

但是，由于受分辨系数 λ 取值的影响，传统灰色关联度模型在求算权值时存在较大的主观性，导致在进行决策时出现偏差。为此，本书提出一种改进的灰色关联度模型以克服这个缺陷，其改进过程表述如下。

(1)邀请 m 个行业内专家，同时对 n 个指标进行权重赋值，得到表征指标权重的矩阵 D，如下式所示：

$$D = \begin{bmatrix} d_{11} & d_{12} & \cdots & d_{1m} \\ d_{21} & d_{22} & \cdots & d_{2m} \\ \cdots & \cdots & \cdots & \cdots \\ d_{n1} & d_{n2} & \cdots & d_{nm} \end{bmatrix} \tag{4-7}$$

式中：D 为指标权重矩阵；d_{nm} 为第 m 个专家对第 n 个待筛选指标权重的评定值。其打分方式如下：

①正向打分：将 $k_{\max}$ 赋予分值为 100 分，$k_{\min}$ 赋予分值为 60 分，则其精度为 $(k_{\max}-k_{\min})/40$，分值为 $(k_{\max}-k)(k_{\max}-k_{\min})/40+60$。

②反向打分：将 $k_{\min}$ 赋予分值为 100 分，$k_{\max}$ 赋予分值为 60 分，则其精度为 $(k_{\max}-k_{\min})/40$，分值为 $(k_{\max}-k)(k_{\max}-k_{\min})/40+60$。

(2)从矩阵 D 中的每列挑选出最大值作为参考值，组成参考向量 D_0，如下式所示：

$$D_0 = (d_{01},\,d_{02},\,\cdots,\,d_{0m}) \tag{4-8}$$

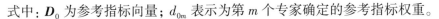

式中：$\boldsymbol{D}_0$ 为参考指标向量；d_{0m} 表示为第 m 个专家确定的参考指标权重。

（3）根据式（4-9）计算出各评价指标到参考指标的距离：

$$D_{0i} = \sum_{k=1}^{m} (d_{0k} - d_{ik})^2 \qquad (4-9)$$

式中：D_{0i} 为第 i 个指标与参考指标之间的距离；d_{ik} 为第 k 个专家对第 i 个指标赋予的权值。

（4）在归一化处理的基础上，计算各指标的权重，如式（4-10）、式（4-11）所示：

$$w_i = 1/(1 + D_{0i}) \qquad (4-10)$$

$$\overline{w}_i = w_i / \sum_{i=1}^{n} w_i \qquad (4-11)$$

式中：w_i 为第 i 个指标与参考指标数据的关联度；$\overline{w}_i$ 为第 i 个指标的权重。

4.4.2　评价指标定量筛选

在上述改进灰色关联度模型建立的基础上，邀请熟悉越堡露天矿边坡地质实际情况的 5 名专家对表 4-2 中的评价指标进行权重赋值，形成式（4-12）指标权重矩阵 $\boldsymbol{D}$，再计算出评价指标的权重，并据此对其进行排序，挖掘出越堡露天矿边坡稳定性的主要影响指标。

$$\boldsymbol{D} = \begin{bmatrix}
0.07 & 0.07 & 0.06 & 0.05 & 0.05 \\
0.03 & 0.02 & 0.025 & 0.02 & 0035 \\
0.01 & 0.025 & 0.015 & 0.02 & 0025 \\
0.04 & 0.06 & 0.05 & 0.055 & 0.05 \\
0.02 & 0.03 & 0.025 & 0.02 & 0.025 \\
0.03 & 0.04 & 0.04 & 0.05 & 0.04 \\
0.02 & 0.03 & 0.025 & 0.03 & 0.03 \\
0.06 & 0.05 & 0.05 & 0.055 & 0.05 \\
0.06 & 0.055 & 0.05 & 0.06 & 0.05 \\
0.25 & 0.2 & 0.25 & 0.16 & 0.15 \\
0.06 & 0.035 & 0.03 & 0.05 & 0.04 \\
0.01 & 0.015 & 0.01 & 0.02 & 0.02 \\
0.015 & 0.015 & 0.01 & 0.01 & 0.015 \\
0.015 & 0.02 & 0.015 & 0.02 & 0.02 \\
0.035 & 0.03 & 0.03 & 0.03 & 0.035 \\
0.02 & 0.02 & 0.02 & 0.025 & 0.015 \\
0.05 & 0.065 & 0.05 & 0.06 & 0.045 \\
0.025 & 0.025 & 0.02 & 0.02 & 025 \\
0.025 & 0.02 & 0.02 & 0.025 & 0.015 \\
0.04 & 0.035 & 0.035 & 0.04 & 0.04 \\
0.015 & 0.02 & 0.02 & 0.02 & 0.025 \\
0.1 & 0.12 & 0.15 & 0.16 & 0.2
\end{bmatrix} \qquad (4-12)$$

由此组成参考向量 $\boldsymbol{D}_0$，如下式所示：

$$\boldsymbol{D}_0 = (0.25, 0.20, 0.25, 0.16, 0.2) \qquad (4\text{-}13)$$

联合式(4-9)至式(4-11)，可以计算得到定性筛选后评价指标的权重结果，如表4-3所示。

表4-3　基于改进灰色关联度的评价指标权重

距离	数值	w_i	数值	$\overline{w}_i$	数值
D_1	0.1200	w_1	0.8929	$\overline{w}_1$	0.0468
D_2	0.1783	w_2	0.8487	$\overline{w}_2$	0.0445
D_3	0.1937	w_3	0.8377	$\overline{w}_3$	0.0439
D_4	0.1372	w_4	0.8793	$\overline{w}_4$	0.0461
D_5	0.1827	w_5	0.8456	$\overline{w}_5$	0.0443
D_6	0.1558	w_6	0.8652	$\overline{w}_6$	0.0453
D_7	0.1782	w_7	0.8487	$\overline{w}_7$	0.0445
D_8	0.1321	w_8	0.8833	$\overline{w}_8$	0.0463
D_9	0.1296	w_9	0.8852	$\overline{w}_9$	0.0464
D_{10}	0.0025	w_{10}	0.9975	$\overline{w}_{10}$	0.0523
D_{11}	0.1494	w_{11}	0.8700	$\overline{w}_{11}$	0.0456
D_{12}	0.2014	w_{12}	0.8323	$\overline{w}_{12}$	0.0436
D_{13}	0.2038	w_{13}	0.8307	$\overline{w}_{13}$	0.0435
D_{14}	0.1949	w_{14}	0.8369	$\overline{w}_{14}$	0.0439
D_{15}	0.1677	w_{15}	0.8564	$\overline{w}_{15}$	0.0449
D_{16}	0.1907	w_{16}	0.8399	$\overline{w}_{16}$	0.0440
D_{17}	0.1323	w_{17}	0.8832	$\overline{w}_{17}$	0.0463
D_{18}	0.1844	w_{18}	0.8443	$\overline{w}_{18}$	0.0442
D_{19}	0.1884	w_{19}	0.8415	$\overline{w}_{19}$	0.0441
D_{20}	0.1576	w_{20}	0.8639	$\overline{w}_{20}$	0.0453
D_{21}	0.1908	w_{21}	0.8398	$\overline{w}_{21}$	0.0440
D_{22}	0.0389	w_{22}	0.9626	$\overline{w}_{22}$	0.0504

通过对表 4-3 的数据分析可知,与越堡露天矿边坡稳定性关联度最高的评价指标(以 0.0450 为界)分别为:指标 1、指标 4、指标 6、指标 8、指标 9、指标 10、指标 11、指标 17、指标 20、指标 22,也即为岩体结构、边坡高度、地下水体、内摩擦角、黏聚力、月最大降雨量、边坡坡度、地层岩性、水文条件以及地质构造等 10 个指标最能代表原始的评价指标体系,具体如表 4-4 所示。

表 4-4　定量筛选的评价指标

指标序号	指标名称	指标序号	指标名称
指标 1	岩体结构	指标 10	月最大降雨量
指标 4	边坡高度	指标 11	边坡坡度
指标 6	地下水体	指标 17	地层岩性
指标 8	内摩擦角	指标 20	水文条件
指标 9	黏聚力	指标 22	地质构造

4.4.3　评价指标的有效性和可靠性分析

为保证所挖掘的评价指标合理、有效、可行,本书基于统计学相关理论,通过引入效度系数 β 和可靠性系数 ρ,以分析所选评价指标的有效性、稳定性和可靠性。

1. 评价指标有效性判断

一般来说,要判断某评价指标体系是否能够真实、有效地反映事物的本质,人们通常采用统计学中的效度系数指标 β 来衡量其偏离实际的程度。鉴于此,为研究上述方法挖掘出的 10 项评价指标的有效性,本书通过引入效度系数 β 对其进行分析。具体计算方法如下:

假设评价指标体系为 $Z = \{z_1, z_2, z_3, \cdots, z_n\}$,另有 M 个专家参与指标评价,并且有第 j 个专家的评分集为 $X = \{x_{1j}, x_{2j}, x_{3j}, \cdots, x_{nj}\}$。

现定义指标 z_i 的效度系数 β_i 为:

$$\beta_i = \sum_{j=1}^{s} |\bar{x}_i - x_{ij}| / MV \tag{4-14}$$

式中:V 为指标 z_i 的评分集中的评分最优值;$\bar{x}_i$ 为评价指标 z_i 的平均得分值,可由式(4-15)计算得出：

$$\bar{x}_i = \sum_{j=1}^{s} x_{ij}/M \qquad (4-15)$$

则筛选后的评价指标体系 Z 的效度系数 β 为：

$$\beta = \sum_{j=1}^{n} \beta_i/n \qquad (4-16)$$

一般情况下，通常认为：效度系数 β 越小（其取值一般设定为小于 0.15），表明各专家对评价问题的意见越统一，观点越一致，其评价事物的有效性就越高。

因此，结合式(4-12)、式(4-14)与式(4-16)，最终计算评价指标体系的效度系数 β 为 0.1042，由此可见，本书所建立的稳定性评价指标体系，其有效性基本符合越堡露天矿边坡实际。

2. 评价指标稳定性和可靠性分析

在进行指标评分时，由于各专家的经验、认识以及知识等方面的不同，所得到的评价结果存在较大的主观不确定性，会出现一定的偏差，导致所选评价指标的稳定性和可靠性有所欠缺。为解决评价指标挖掘中存在的上述问题，本书通过引入数理统计中的相关系数，并将其定义为可靠性系数 ρ，用以衡量评价指标体系的可行性。其具体计算方法如下：

假设专家组对各评价指标评分的平均值 y_i 如下式所示，其数据集 $Y = \{y_1, y_2, \cdots, y_n\}$：

$$y_i = \sum_{j=1}^{M} x_{ij}/M \qquad (4-17)$$

则指标体系可靠性系数 ρ 为：

$$\rho = \sum_{j=1}^{M} \rho_j/M \qquad (4-18)$$

式中：ρ_j 可由下式计算得出：

$$\rho_j = \sum_{i=1}^{n} (x_{ij} - \bar{x}_j)(y_j - \bar{y}) / \sqrt{\sum_{i=1}^{n} (x_{ij} - \bar{x}_j)^2 \sum_{i=1}^{n} (y_j - \bar{y})^2} \qquad (4-19)$$

式中：$\bar{x}_j$ 和 $\bar{y}$ 可分别用式(4-20)和式(4-21)计算得出：

$$\bar{x}_j = \sum_{i=1}^{n} x_{ij}/n \qquad (4-20)$$

$$\bar{y} = \sum_{i=1}^{n} y_i/n \qquad (4-21)$$

通常来说，当 $0.90 \leqslant \rho < 0.95$ 时，则表明评价指标体系具有较高的可靠性，当 $0.80 \leqslant \rho < 0.90$ 时，则可认为该评价指标体系的可靠性一般，而当 $0 \leqslant \rho < 0.80$ 时，则认为其可靠性较差。

由此，依据式（4-12）、式（4-17）与式（4-21），可以计算出上述定量筛选指标的可靠性系数 ρ 为 0.9474。

综合上述分析可以看出，采用顾及效度系数 β 和可靠性系数 ρ 的改进灰色关联度的露天矿边坡稳定性评价指标挖掘模型，由其计算得到的 HP1 边坡稳定性评价指标的有效性、稳定性和可靠性较高，具有一定的可行性和实际应用价值，可为相关领域的研究提供参考。

4.5　评价指标对边坡稳定性的影响机理

本书采用 UDEC(universal discrete element code) 数值模拟的方法，并基于强度折减基本理论，以计算是否收敛作为判断边坡是否失稳的依据，分析不同工况条件下边坡的稳定性状态，以进一步分析筛选指标对边坡稳定性的变化规律，揭示其影响机理。

4.5.1　基本理论

4.5.1.1　强度折减法

强度折减法的基本思想是通过改变折减系数 F_s 的方法，不断调整岩土体的强度参数，模拟计算边坡稳定性的极限状态，也即认为此状态下的折减系数 F_s 也就是边坡的安全系数。其基本计算方法如下：

$$C' = \frac{C}{F_s} \tag{4-22}$$

$$\tan\varphi' = \frac{\tan\varphi}{F_s} \tag{4-23}$$

式中：C、C' 分别为折减前后边坡的黏聚力；φ、φ' 分别为折减前后边坡的内摩擦角；F_s 为折减系数。

4.5.1.2　UDEC 数值模拟方法

UDEC 是一种较为常用的离散元数值模拟处理方法，其主要用于模拟非连续介质承受静载作用或动载作用情况下的响应分析,在研究不连续介质(断层、节理、裂隙等)破坏以及岩石边坡渐进破坏等方面具有一定的优势。此外,在数值模拟过程中,可以通过改变模型条件,实现静力及动力分析,以及岩体间的相互作用。

通过对越堡露天矿边坡地质采矿条件的分析可以看出,该矿山边坡岩体存在较多的断层、裂隙以及节理等构造,属于非连续介质。因此,为更合理、有效地分析边坡的稳定性状态,采用 UDEC 数值模拟方法,具有较大的优势,其模拟结果可以为矿山边坡的防治以及生产管理提供重要的参考依据。

4.5.2 评价指标影响机理分析

在上述强度折减理论的基础上,本书采用数值模拟的方法,分析前述所筛选的 10 个评价指标对露天矿边坡稳定性的影响机理,找出其基本规律,为后续边坡稳定性分析、防治及其他边坡的研究提供参考。为使研究更具普遍性,本书以边坡地质采矿条件为原型,采用 UDEC 方法建立数值模型,并依据摩尔库伦破坏准则分析不同条件下边坡的稳定状态,其各岩层初始力学参数如表 4-5 所示,节理的法向刚度和剪切刚度可由式(4-24)计算得出,在本书中 k_s 与 k_n 的比值取 0.2。为避免模型边界对计算结果的收敛约束,模型的尺寸通常大于其工程实际情况。本书中模型的单元尺寸为 10 m。

$$k_n = n \left[\frac{K+(4/3)G}{\Delta Z_{\min}} \right], \quad 1 \leqslant n \leqslant 10 \tag{4-24}$$

式中:k_n 为节理的法向刚度;K 和 G 分别为块体的体积模量与剪切模量;$\Delta Z_{\min}$ 为变形区域的最小宽度;n 为倍增系数,通常情况下,该值可取为 10。

表 4-5 岩层力学参数

岩性	密度 /(kg·m^{-3})	体积模量 /MPa	剪切模量 /MPa	抗拉强度 /kPa	黏聚力 /kPa	内摩擦角 /(°)
强风化含炭质泥岩	2000	66.67	30.77	300	28	26
泥炭	1680	3.21	1.48	40	9	9
黏土/亚黏土	1850	4.58	2.11	150	18	16
黏土/亚黏土/粉质黏土	1800	4.41	2.03	70	13	12

续表4-5

岩性	密度 /(kg. m⁻³)	体积模量 /MPa	剪切模量 /MPa	抗拉强度 /kPa	黏聚力 /kPa	内摩擦角 /(°)
素填土	1750	0	0	60	10	10
灰岩	2600	4.7	2.0	1500	100	60

1.边坡高度的影响

为分析边坡高度对边坡稳定性的影响,固定边坡坡度(45°)、黏聚力、内摩擦角等参数,分别建立边坡高度为30 m、50 m、70 m和90 m的数值模型,以边坡高度50 m为例(模型如图4-3所示)。分析其在不同折减系数时的计算收敛情况,如图4-4所示,当折减系数为3.88时,模型计算结果不再收敛,即此时边坡的安全系数为3.88。

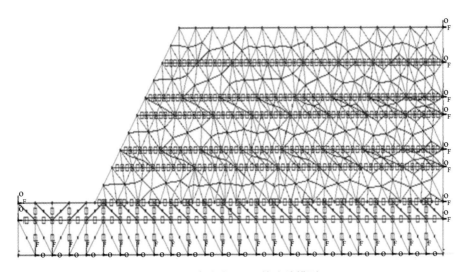

图4-3　高度为50 m的边坡模型

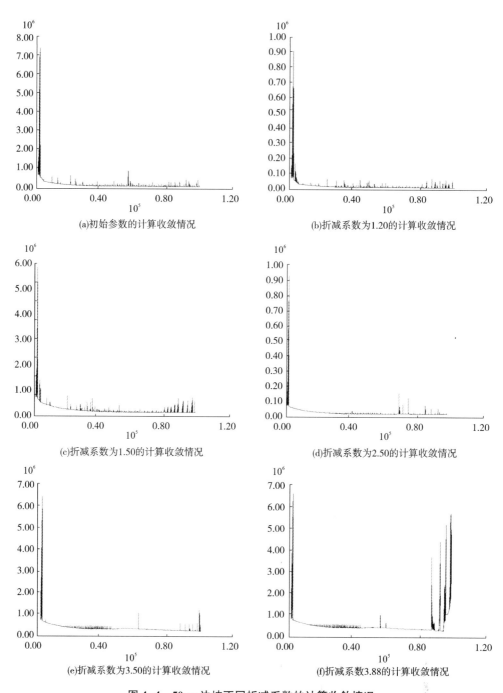

图 4-4 50 m 边坡不同折减系数的计算收敛情况

同理,可以得到其他不同边坡高度的安全系数,如表 4-6 所示。由表 4-6 可以看出,随着边坡高度的增加,边坡安全系数逐渐减小。

表 4-6　不同坡高的边坡安全系数

边坡高度/m	30	50	70	90
安全系数	4.86	3.88	1.79	失稳

分析其原因主要是由于边坡高度越高自重应力就越大,增加了坡体下滑力,另一方面加大破顶张应力和坡角剪应力的集中程度,进而降低边坡的安全系数。在本节研究的地质环境背景下,当边坡高度从 50 m 增加到 70 m 时,边坡安全系数急剧减小,假设边坡高度可达 90 m,模拟研究发现此时模型计算无法进行或计算结果不收敛,即边坡出现失稳现象。

2.边坡坡度的影响

为分析边坡高度对边坡稳定性的影响机理,固定边坡高度(50 m)、黏聚力、内摩擦角等参数,并分别建立边坡坡度为 30°、45° 和 60° 的数值模型,以边坡坡度 30° 为例(模型如图 4-5 所示),分析其在不同折减系数时的计算收敛情况,如图 4-6 所示,当折减系数为 4.06 时,模型计算结果不再收敛,即此时边坡的安全系数为 4.06。

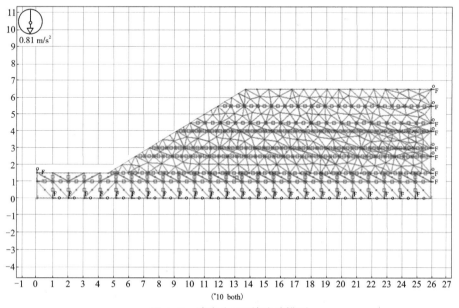

图 4-5　坡度为 30°的边坡模型

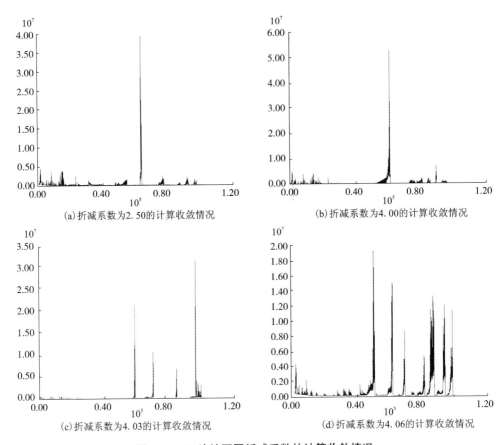

图4-6　30°边坡不同折减系数的计算收敛情况

同样地，可以得到此地质环境下不同坡度的边坡的安全系数，如表4-7所示。由表4-7可知，随着边坡坡度的增加，边坡的安全系数逐渐减小。

表4-7　不同坡度的边坡安全系数

边坡角度/(°)	30	45	60
安全系数	4.06	3.88	2.38

分析其原因主要是由于在挖破过程中，边坡不断变高变陡，其坡面附近张力的范围及深度逐渐沿着更宽更深的方向发展，并且其上部岩土体也有逐渐朝着边

坡临空面加剧运动的趋势。此外，当边坡坡度变陡时，其岩土体中的最大应力逐渐朝着边坡面靠近，而且其坡脚的剪应力也随之增高，从而导致边坡稳定性变差。

3.岩体结构的影响

为分析岩体结构对边坡稳定性的影响机理，本书采用岩块长度与模型长度比值 l[如式(4-25)所示]的方法来描述边坡岩体结构的完整性，其比值越大，表明岩体结构的完整性就越好。因此，固定边坡高度(50 m)、边坡坡度(45°)、黏聚力、内摩擦角等参数，分别模拟研究 e 为 1/60、1/30 和 1/15 三种不同岩体结构边坡的稳定性状态，本书以边坡 e 为 1/15 为例(模型如图 4-7 所示)，分析其在不同折减系数时的计算收敛情况，如图 4-8 所示，需要说明的是，当折减系数从5.58 增加到 5.59 时，计算无法继续进行，则认为此时边坡已经失稳，即此时边坡的安全系数为 5.58。

$$l = \frac{l_k}{L_m} \tag{4-25}$$

式中：l_k 为岩块长度，m；L_m 为数值模型长度，m。

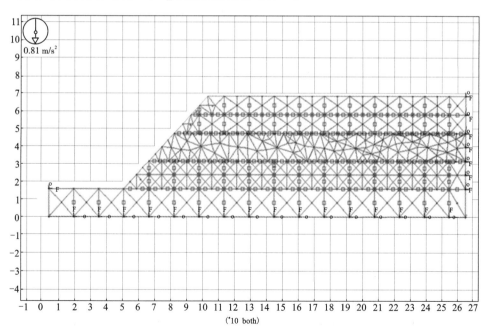

图 4-7　岩块长度与模型长度比值为 1/15 的边坡模型

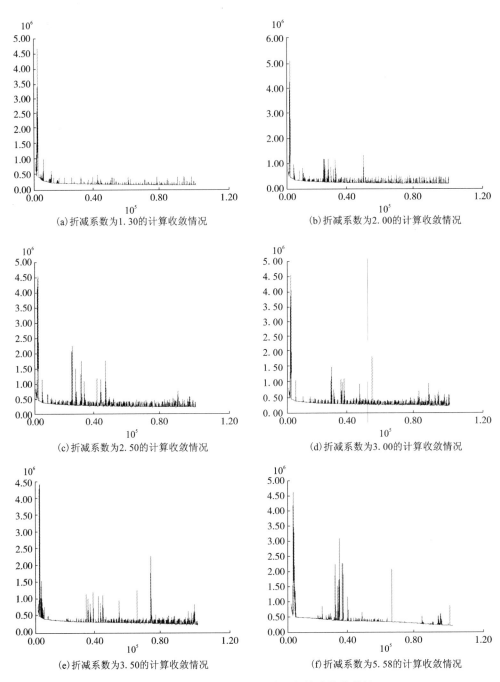

(a)折减系数为1.30的计算收敛情况

(b)折减系数为2.00的计算收敛情况

(c)折减系数为2.50的计算收敛情况

(d)折减系数为3.00的计算收敛情况

(e)折减系数为3.50的计算收敛情况

(f)折减系数为5.58的计算收敛情况

图4-8 e 为 1/15 边坡不同折减系数的计算收敛情况

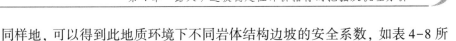

同样地,可以得到此地质环境下不同岩体结构边坡的安全系数,如表4-8所示。由表4-8可知,随着岩体结构的完整性增强,边坡的稳定性逐渐提高。

表4-8　不同岩体结构的边坡安全系数

岩体结构(l)	1/60	1/30	1/15
安全系数	1.21	3.09	5.58

分析其原因:主要是由于在边坡岩土体中存在有结构面,使得其呈现出不均匀和非连续状态,导致其整体强度发生了变化,并出现了张拉破坏和错动变形等现象,降低了抗滑力,增大了岩土体的变形性和流变性。从上述数值模拟结果也可以看出,边坡在其岩体结构较为完整的情况下,安全系数更大,稳定性更好。

4.黏聚力的影响

为揭示黏聚力对边坡稳定性的影响机理,本节通过固定边坡高度、边坡坡度、内摩擦角等参数,变化黏聚力大小的方式建立多组露天矿边坡数值模型,并考虑到计算是否收敛可作为判断边坡是否失稳的依据,因此,本书通过分析不同黏聚力数值模型的计算收敛情况,间接反映不同黏聚力工况条件下边坡的稳定性,进而揭示黏聚力的影响变化规律。本书以黏聚力为 $100e^3$[①] 为例(模型如图4-9所示),不同黏聚力大小的数值模型计算收敛情况,如图4-10所示。由图4-10可以看出,随着黏聚力的减小,模型计算趋向于不收敛,也就是说,随着黏聚力的减小,边坡的稳定性越差。

分析其原因:黏聚力主要体现为岩土体内部各部分的相互作用力,是其破坏面不存在任何正应力情况下的抗剪强度,也就是说黏聚力越大,其抗剪强度越大。当岩土体外在作用力大于其黏聚力时,边坡将沿着其破坏面发生滑动,导致边坡失稳。根据上述数值模拟结果可以看出,针对某一特定边坡,在其他条件不发生变化的情况下,黏聚力越小,边坡越容易发生失稳。

5.内摩擦角的影响

为揭示内摩擦角对边坡稳定性的影响机理,本节通过固定边坡高度、边坡坡度、黏聚力等参数,变化内摩擦角大小的方式建立多组露天矿边坡数值模型,并

---

① 　$e = 10^3$。

考虑到计算是否收敛可作为判断边坡是否失稳的依据，因此，本书通过分析不同内摩擦角数值模型的计算收敛情况，间接反映不同内摩擦角工况条件下边坡的稳定性，进而揭示内摩擦角的影响。本书以内摩擦角为 5° 为例（模型如图 4-11 所示），不同内摩擦角大小的计算收敛情况如图 4-12 所示。分析图 4-12 可知，当内摩擦角较小时，模型计算结果收敛性呈现出波动特征，随着内摩擦角的增大，模型计算结果的收敛性越好。

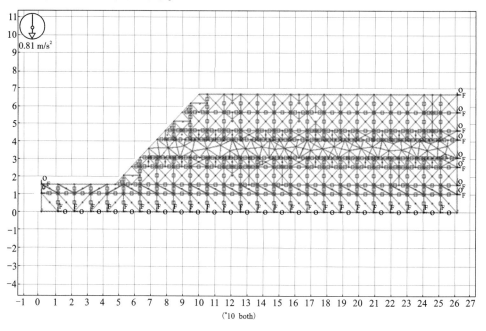

图 4-9　黏聚力为 100 e³ 的边坡模型

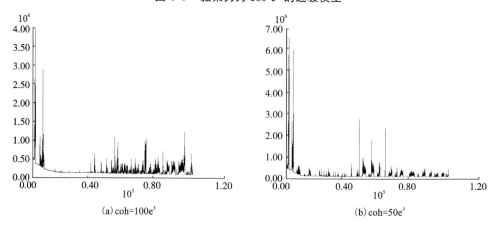

(a) coh=100e³　　　　　　　　　　　　(b) coh=50e³

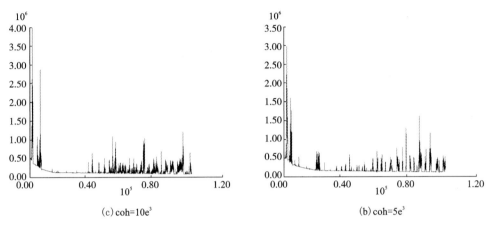

(c) coh=10e³   (b) coh=5e³

图 4-10　不同黏聚力大小的数值模型计算收敛情况

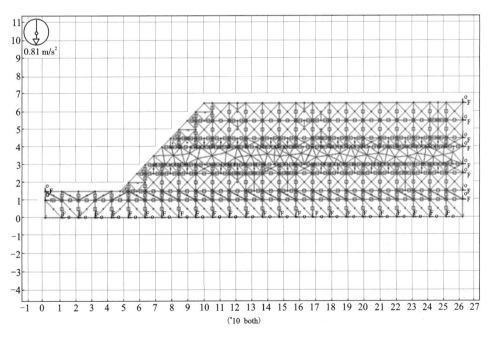

图 4-11　内摩擦角为 5°的边坡模型

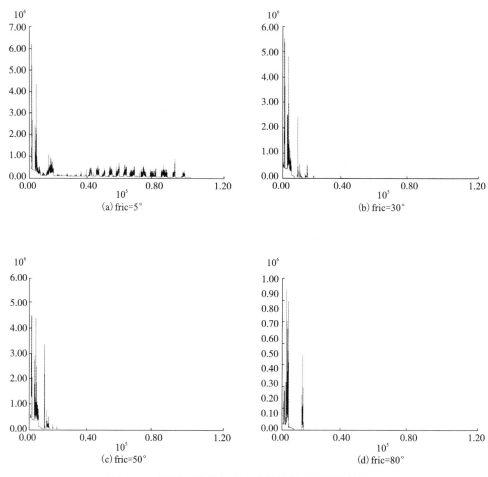

图 4-12　不同内摩擦角大小的数值模型计算收敛情况

分析其原因：应当从理解内摩擦角的含义入手，由于内摩擦角反映的是岩土体的摩擦特性，主要体现在岩土体颗粒的表面摩擦力和颗粒间嵌入以及连锁作用产生的咬合力两方面的内容。而内摩擦角在力学上则可以理解为块体在斜面上的临界自稳角，当岩土体的内摩擦角小于这个角度时，则表明块体是稳定的；如果大于这个角度，块体就会产生滑动。也就是说，当内摩擦角较大时，此临界自稳角的范围越大，可以容许块体间的相对变形较大，即边坡越趋于稳定。

6.地质构造的影响

　　为揭示地质构造对边坡稳定性的影响机理,本节通过固定边坡高度、边坡坡度、黏聚力等参数,变化地质构造复杂程度的方式建立多组露天矿边坡数值模型,并考虑到计算是否收敛可作为判断边坡是否失稳的依据,因此,本书通过分析不同地质构造复杂程度的数值模型计算收敛情况,间接反映不同地质构造工况条件下边坡的稳定性,进而揭示地质构造的影响。本书以岩体内有两个断层为例(模型如图4-13所示),不同地质构造复杂程度的计算收敛情况,如图4-14所示。由图4-14可知,伴随着边坡地质构造趋向复杂,模型计算趋向于不收敛,也就是说,随着地质构造复杂程度的增加,边坡的稳定性越差。

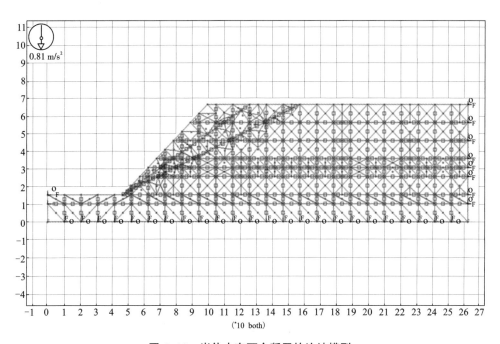

图4-13　岩体内有两个断层的边坡模型

　　分析其原因:主要是由于褶皱、节理、断层等地质构造将边坡岩土体的各种构造面分割开来,而呈现出不连续的状态,其整体性较差,降低了岩土体的抗剪强度。此外,由于构造面中的裂隙又为降雨等雨水进入岩土体创造了通道条件,导致其黏结作用力下降,在内外应力的作用下,使得其有产生下滑的危险。根据上述数值模拟结果可以看出,边坡在地质构造较复杂的情况下,其稳定性更差。

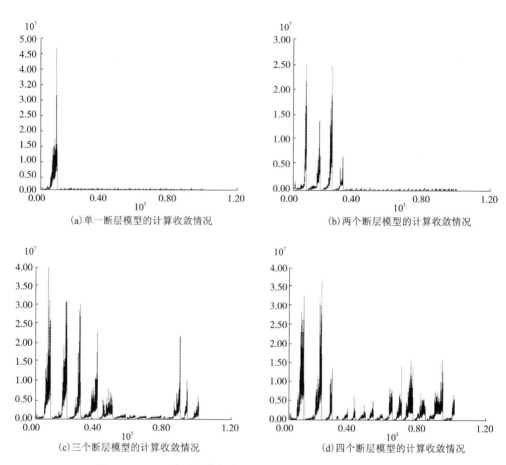

(a) 单一断层模型的计算收敛情况

(b) 两个断层模型的计算收敛情况

(c) 三个断层模型的计算收敛情况

(d) 四个断层模型的计算收敛情况

图4-14　不同地质构造复杂程度边坡的数值模型计算收敛情况

7. 地层岩性的影响

为揭示地层岩性对边坡稳定性的影响机理，本节固定边坡高度、边坡坡度、黏聚力等参数，分别建立较硬、适中和较软三种不同地层岩性强度的边坡数值模型，考虑到计算是否收敛可作为判断边坡是否失稳的依据，本书通过分析不同地层岩性强度的数值模型计算收敛情况，间接反映不同地层岩性强度工况条件下边坡的稳定性状态，进而揭示地层岩性的影响规律。本书以岩层强度较硬为例（模型如图4-15所示），各模型计算收敛情况如图4-16所示。由图4-16可以看出，随着地层岩性强度的减弱，模型计算趋向于不收敛，也就是说，地层岩性越软，边坡的稳定性就越差。

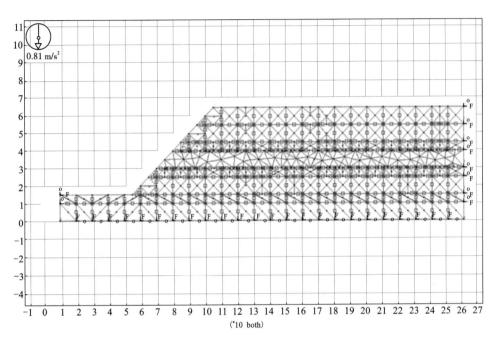

图 4-15　岩层强度较硬的边坡模型

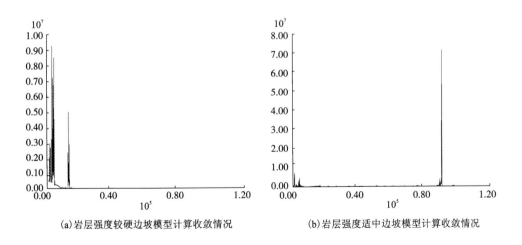

(a)岩层强度较硬边坡模型计算收敛情况　　　　(b)岩层强度适中边坡模型计算收敛情况

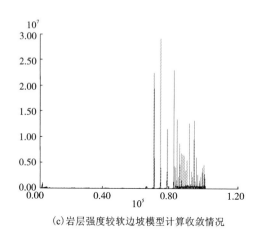

(c)岩层强度较软边坡模型计算收敛情况

图 4-16　不同地层岩性强度的边坡数值模型计算收敛情况

分析其原因：不同的地层岩性，其对边坡的稳定性影响程度有所不同，主要体现在其抗剪强度及黏聚力等参数方面。坚硬岩层由于其具有强度高、节理裂隙不发育、整体性强等特点，其抗剪强度大，稳定性性较高，边坡不易发生失稳；软硬相间的岩层，由于渗流、风化等因素的影响，极易出现物理力学参数性质的变化，降低岩土体的抗剪强度，造成边坡失稳；而对于软弱岩层，由于其结构疏松、抗剪强度低、黏聚力小，其稳定性较差，在外力的作用下，极易出现边坡失稳。从上述数值模拟的结果来看，充分说明了地层岩性对边坡稳定性的变化规律。

8. 降雨的影响

为分析降雨对滑坡的影响机理，本节以 45°坡度，50 m 高度的边坡为基础，并以降雨后强度折减系数为 1.50 为例（模型如图 4-17 所示），分别模拟降雨后在不同折减系数时的计算收敛情况，如图 4-18 所示，由图 4-18 可以看出，当折减系数为 1.98 时，模型计算结果不再收敛，即此时边坡的安全系数为 1.98，根据上述模拟可知，边坡在自然状态下的安全系数为 3.88，由此可以看出，降雨后边坡的稳定性明显降低。

分析其原因：主要是在降雨的过程中，雨水通过岩体节理、裂隙等结构面，渗透至岩土体内部，软化岩土体，而使其发生膨胀，并造成相关物理力学参数（黏聚力和内摩擦角等）的性质发生变化，并且雨水还将增加岩土体的容重及其剪应力，降低其强度，使其下滑分力增大，阻滑力降低。除此之外，在降雨之后，还将提高地下水位，增加静水压力，使其地下渗流场不断发生变化。因此，在这些因素综合的影响下，其安全系数降低，可能导致边坡最终失稳。

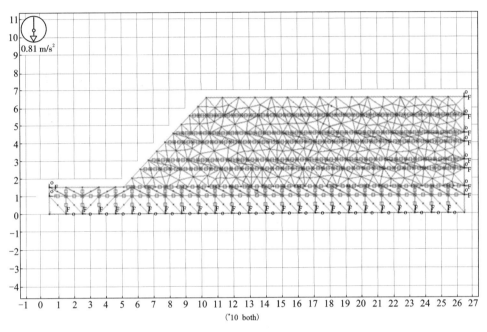

图 4-17　降雨后强度折减系数为 1.50 的边坡模型

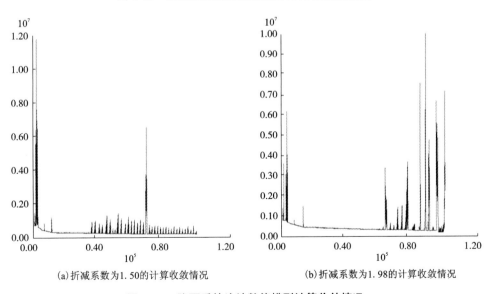

(a)折减系数为1.50的计算收敛情况　　　(b)折减系数为1.98的计算收敛情况

图 4-18　降雨后的边坡数值模型计算收敛情况

　　根据上述降雨对边坡影响机理的分析可知,评价指标中的水文条件以及地下水体条件对边坡的影响机理与降雨的影响机理基本相类似,其相关内容的研究在本书中就不再赘述。

　　综上所述,本书采用数值模拟的方法,并依据模拟计算其是否收敛作为边坡失稳的条件,对所挖掘的岩体结构、地质构造、地层岩性、内摩擦角、黏聚力、地下水体、水文条件、月最大降雨量、边坡坡度以及边坡高度等 10 项评价指标的影响机理进行有效的分析,研究分析结果进一步揭示了评价指标对边坡稳定性的影响规律,为边坡后期治理提供依据和重要参考。

第5章　露天矿边坡稳定性动态评价及其因素耦合性分析

　　随着露天矿山开采规模及深度的不断扩大，致使矿山边坡逐渐变陡、变高，而形成高陡边坡，但由于地质条件以及外部环境等因素的影响，衍生出了诸多的安全隐患，导致边坡经常发生崩塌、滑坡等严重的地质灾害，造成了重大的人员伤亡和财产损失。露天矿边坡稳定性问题已成为国内外学者研究的热点内容，而边坡稳定性评价及其影响因素耦合分析则是其研究内容的关键问题。但是，目前国内中小型露天矿山企业对边坡前期预警预报的稳定性分析工作重视程度不足，导致通常是在滑坡灾害即将发生或者已经发生的情况下才开始引起重视并进行处理，具有很强的滞后性。为此，定量分析露天矿边坡危险性程度(或等级)及影响因素的耦合性程度，实现对边坡稳定性的有效评价，为提前预警，提早布设变形监测控制网，推动露天矿山边坡的合理设计、安全施工及防治提供重要的理论依据，为后续章节的研究奠定基础并提供参考。

　　作者通过查阅大量参考文献发现，目前国内外大部分学者主要是利用评价模型对露天矿边坡危险性识别及评价等方面进行研究，较少考虑利用相关模型对边坡影响因素耦合程度进行研究，也就没有从本质上分析影响因素与露天矿边坡稳定性之间的影响关系。目前，国内外很多研究人员将在解决不确定信息或数据方面有着特有优势的未确知测度评价模型广泛应用于采空区稳定性评价、排土场滑坡风险评价、公路交通效率评价、地下采矿方法选择、故障诊断、航空环境决策、民用机场安全评价、项目交付方法的选择、网络安全风险评估和企业资源规划评估等自然科学和社会科学等领域，并都取得了一定的成绩，这为露天矿边坡的危险性评价提供了一种研究思路。但是，在利用未确知测度建立评价模型中，准确确定指标权重是有效评价露天矿边坡稳定性的关键环节，而在这方面，大多数学

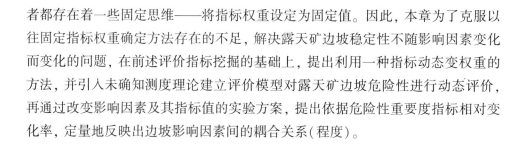

者都存在着一些固定思维——将指标权重设定为固定值。因此，本章为了克服以往固定指标权重确定方法存在的不足，解决露天矿边坡稳定性不随影响因素变化而变化的问题，在前述评价指标挖掘的基础上，提出利用一种指标动态变权重的方法，并引入未确知测度理论建立评价模型对露天矿边坡危险性进行动态评价，再通过改变影响因素及其指标值的实验方案，提出依据危险性重要度指标相对变化率，定量地反映出边坡影响因素间的耦合关系(程度)。

5.1 动态变权重的确定

5.1.1 动态变权重的基本含义

权重是衡量露天矿边坡稳定性各影响因子对边坡失稳危险程度或大小的指标，其赋值的合理性及准确性与否将对边坡稳定性评价等级产生重要的影响。但是，目前在进行露天矿边坡稳定性分析与评价中，国内外研究人员大都将各影响因素指标权重评定为固定值，很少考虑某一指标在发生变化或取值不同的情况下，其在影响因素指标体系中权重的变化，忽视了不同指标取值所产生的边坡动态变化。但由于露天矿边坡处于一个开放的现实环境中，其稳定性影响因素指标取值经常是动态的、变化的，例如，对某一露天矿边坡而言，在其他影响因素固定且不发生变化的情况下，将另一显著影响因素——某月降雨量分别设定为 20 mm 与 200 mm 时，研究分析露天矿边坡的稳定性。根据实际经验及有关研究，很明显，某月降雨量为 200 mm 时比某月降雨量为 20 mm 时边坡失稳的破坏概率要大得多。虽然都是同一影响因素，但其对边坡的稳定性所反映出来的影响程度和结果却不一样，也就是说，露天矿边坡的稳定性会随着影响因素指标取值的变化而改变，其在指标体系中所占权重也将是动态的、变化的。这就必然导致将传统方法——指标权重评定为固定值用于分析和评价各影响因素对露天矿边坡稳定性出现不均衡、不合理的评价和判断的现象。鉴于这种情况，为了更准确、合理地评价露天矿边坡的稳定状态，本书将充分考虑评价指标及指标值动态变化的特点，提出以信息熵为基础的变权重动态方法分析边坡稳定性变化趋势。

动态变权重反映的是影响因子指标权重动态变化的状态，强调的是指标权重会因边坡影响因子指标取值的不同而发生改变，它可以克服定权对评价结果产生的偏差，也是对传统指标固定权重确定方法的一种延伸和改进，为露天矿边坡风险实时评价提供准确、合理的依据和决策。

5.1.2　动态变权重的构建

根据以上动态变权重的基本定义及相关理论，现假设评价体系中影响因子的状态向量 $\boldsymbol{X} = \{x_1, x_2, \cdots, x_n\}$ 具有 n 个映射，$W_j(j = 1, 2, \cdots, n)$，$[0, 1]^n \to [0, 1]$，$(x_1, x_2, \cdots, x_n) \to W_j(x_1, x_2, \cdots, x_n)$ 的一组变权，并满足限制条件：

归一性：

$$\sum_{j=1}^{n} W_j(x_1, x_2, \cdots, x_n) = 1 \qquad (5-1)$$

连续性：$W_j(x_1, x_2, \cdots, x_n)(j = 1, 2, \cdots, n)$ 关于每个变元连续；

单调性：$W_j(x_1, x_2, \cdots, x_n)(j = 1, 2, \cdots, n)$ 关于变元 x_j 单调减小或增大；

则将 $\boldsymbol{W}(\boldsymbol{X}) = [W_1(X), W_2(X), \cdots, W_n(X)]$ 定义为影响因子的变权向量。

另外，假设映射 $S: [0, 1]^n \to [0, 1]^n$，$X \to \boldsymbol{S}(\boldsymbol{X}) = [S_1(X), S_2(X), \cdots, S_n(X)]$ 为 n 维的惩罚型变权向量，并且满足限制条件：

$$x_i \geqslant x_j \Rightarrow S_i(x) \leqslant S_j(x) \qquad (5-2)$$

$S_j(X)$ 对每个变元连续，其中 $(j = 1, 2, \cdots, n)$；

那么，对任意 $\boldsymbol{w} = (w_1, w_2, \cdots, w_n)$ 常权向量来说，都有：

$$\boldsymbol{w} \cdot \boldsymbol{S}(\boldsymbol{X}) = \boldsymbol{W}(\boldsymbol{X}) \cdot \sum_{j=1}^{n} (w_j S_j(X)) \qquad (5-3)$$

即

$$\boldsymbol{W}(\boldsymbol{X}) = \frac{\boldsymbol{w} \cdot \boldsymbol{S}(\boldsymbol{X})}{\sum\limits_{j=1}^{n} (w_j S_j(X))} \qquad (5-4)$$

式中：$\boldsymbol{w} \cdot \boldsymbol{S}(\boldsymbol{X}) = [w_1 S_1(X), w_2 S_2(X), \cdots, w_n S_n(X)]$ 为 Hardarmard 乘积。

同样，可以获得激励型变权向量所要满足的限制条件：$x_i \geqslant x_j \Rightarrow S_i(x) \geqslant S_j(x)$，其他两个条件与惩罚型变权向量条件相同。

再有，对于上述两类变权向量来说，存在映射 $B: [0, 1]m \to R(R$ 为实数集合) 的一组 m 维符合连续偏导的均衡函数。因此，在实际构造函数时，则可以视情况先确定均衡函数的形态，再根据各影响因素状态值的变化，确定其与各权重变化的关系，最后通过选择调整因子，构造出均衡函数。

根据以上分析，本书将先采用信息熵法计算出影响因子常权向量，同时构造状态向量的均衡函数，最后计算出其动态变权向量。因此，本书构建动态变权向量的基本步骤流程如图 5-1 所示。

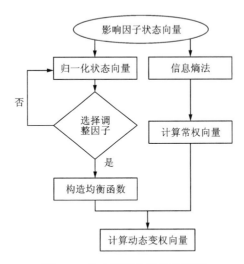

图 5-1　动态变权向量构建流程

5.2　危险性动态评价模型的建立及其可行性分析

5.2.1　未确知测度危险性动态评价模型的建立

假设系统中有 n 个待评价对象 R，并且有 $R = \{R_1, R_2, \cdots, R_n\}$ 为待评价对象的集合，对于任意一个待评价对象 $\boldsymbol{R}_i(i = 1, 2, \cdots, n)$ 来说，有 m 个评价指标，也就是 $X = \{X_1, X_2, \cdots, X_m\}$。则 $\boldsymbol{R}_i$ 可以表示为 m 维向量，$\boldsymbol{R} = \{x_{i1}, x_{i2}, \cdots, x_{im}\}$，其中，$x_{ij}$ 表示评价对象 R_i 关于 X_j 指标的测量值。对于评价对象 R_i 中每个子项 x_{ij}（$i = 1, 2, \cdots, n; j = 1, 2, \cdots, n$），假设有 p 个评价等级 $\{C_1, C_2, \cdots, C_P\}$。

有评价空间 $\boldsymbol{U} = \{C_1, C_2, \cdots, C_P\}$，将 $C_k(k = 1, 2, \cdots, p)$ 记为评价等级的第 k 级，并定义 k 级危险性程度高于 $k+1$ 级，记为 $C_k > C_{k+1}$。若满足 $C_1 > C_2 > C_3 > \cdots > C_k$，则称 $\{C_1, C_2, \cdots, C_P\}$ 为评价空间 U 的一个有序分割类。由此，其危险性动态评价建模流程如图 5-2 所示。

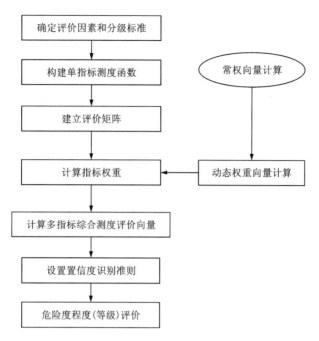

图 5-2　危险性评价建模流程图

1. 单指标未确知测度的构造

设 $\mu_{ijk} = \mu(x_{ij} \in C_k)$ 表示测量值 x_{ij} 属于第 k 个评价等级 C_k 的程度，且要求 μ 满足限制条件：

$$0 \leqslant \mu(x_{ij} \in C_k) \leqslant 1 \tag{5-5}$$

$$\mu(x_{ij} \in U) = 1 \tag{5-6}$$

$$\mu\left[x_{ij} \in \bigcup_{l=1}^{k} C_l\right] = \sum_{l=1}^{k} \mu(x_{ij} \in C_l) \quad (k = 1, 2, \cdots, p) \tag{5-7}$$

式(5-5)表示"非负有界性"，式(5-6)表示"归一性"，式(5-7)表示"可加性"。当 μ 同时满足式(5-5)和式(5-6)时，则称 μ 为未确知测度，矩阵 $(\boldsymbol{\mu}_{ijk})_{m \times p}$ 为单指标测度评价矩阵，且其表达式为：

$$(\boldsymbol{\mu}_{ijk})_{m \times p} = \begin{bmatrix} \mu_{i11} & \mu_{i12} & \cdots & \mu_{i1p} \\ \mu_{i21} & \mu_{i22} & \cdots & \mu_{i2p} \\ \vdots & \vdots & \ddots & \vdots \\ \mu_{im1} & \mu_{im2} & \cdots & \mu_{imp} \end{bmatrix} \tag{5-8}$$

目前，在实际应用中，主要有直线型、抛物线型、指数型和正弦等四种单指标测度函数，相对应的函数图形如图5-3(a)~(d)和数学表达式如式(5-9)至式(5-12)所示，而直线型函数相对于其他方法又最为简单，应用也最为广泛。因此，为了提高评价模型计算效率，简化解题思路，本书选择直线型方法构造露天矿边坡危险性未确知测度函数。

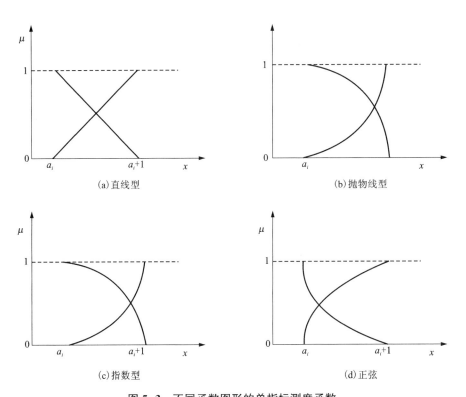

图 5-3　不同函数图形的单指标测度函数

$$\begin{cases} \mu_i(x) = \begin{cases} \dfrac{-x}{a_{i+1}-a_i} + \dfrac{a_{i+1}}{a_{i+1}-a_i} & a_i < x \leqslant a_{i+1} \\ 0 & x > a_{i+1} \end{cases} \\ \mu_{i+1}(x) = \begin{cases} 0 & x \leqslant a_i \\ \dfrac{x}{a_{i+1}-a_i} + \dfrac{a_i}{a_{i+1}-a_i} & a_i < x \leqslant a_{i+1} \end{cases} \end{cases} \quad (5\text{-}9)$$

$$\begin{cases} \mu_i(x) = \begin{cases} 1-(\dfrac{x-a_i}{a_{i+1}-a_i})^2 & a_i < x \leqslant a_{i+1} \\ 0 & x > a_{i+1} \end{cases} \\ \mu_{i+1}(x) = \begin{cases} 0 & x \leqslant a_i \\ (\dfrac{x-a_i}{a_{i+1}-a_i})^2 & a_i < x \leqslant a_{i+1} \end{cases} \end{cases} \qquad (5-10)$$

$$\begin{cases} \mu_i(x) = \begin{cases} 1-\dfrac{1-e^{x-a_i}}{1-e^{a_{i+1}-a_i}} & a_i < x \leqslant a_{i+1} \\ 0 & x > a_{i+1} \end{cases} \\ \mu_{i+1}(x) = \begin{cases} 0 & x \leqslant a_i \\ \dfrac{1-e^{x-a_i}}{1-e^{a_{i+1}-a_i}} & a_i < x \leqslant a_{i+1} \end{cases} \end{cases} \qquad (5-11)$$

$$\begin{cases} \mu_i(x) = \begin{cases} \dfrac{1}{2}-\dfrac{1}{2}\sin\dfrac{\pi}{a_{i+1}-a_i}(x-\dfrac{a_{i+1}-a_i}{2}) & a_i < x \leqslant a_{i+1} \\ 0 & x > a_{i+1} \end{cases} \\ \mu_{i+1}(x) = \begin{cases} 0 & x \leqslant a_i \\ \dfrac{1}{2}+\dfrac{1}{2}\sin\dfrac{\pi}{a_{i+1}-a_i}(x-\dfrac{a_{i+1}-a_i}{2}) & a_i < x \leqslant a_{i+1} \end{cases} \end{cases} \qquad (5-12)$$

2. 指标权重的确定

根据上述动态变权向量的构建思路，本书先采用信息熵法计算各指标常权重，在此基础上，通过查阅参考文献，并考虑项目本身实际及均衡函数构造特点，选择有决策要求体现明显、参数设置灵活及模型扩展能力强等优点的指数型函数来构造变权向量。其具体步骤及方法如下：

首先，设 w_j 为第 j 个评价指标 $X_j (j=1, 2, \cdots, m)$ 的常权重，根据信息熵法：

$$e_i = -k\sum_{j=1}^{m} p_{ij} \lg p_{ij} \qquad (5-13)$$

$$p_{ij} = \frac{b_{ij}}{\displaystyle\sum_{j=1}^{m} b_{ij}} \qquad (5-14)$$

$$b_{ij} = \frac{a_{ij}-\min(a_{ij})}{\max(a_{ij})-\min(a_{ij})} \qquad (5-15)$$

式中：e_i 为指标熵值；k 为标准化系数；p_{ij} 为传递系数；a_{ij} 为指标值。但是，在进行熵权计算的过程中，由于存在 $p_{ij}=0$ 的情况，这样 $\lg p_{ij}$ 则无意义，因此，可以假设 $p_{ij}=0$ 时，$\lg p_{ij}=0$。另外，当熵值 $e_j \to 1$ 时，即使熵值改变很小的量，其权重也会产生很大的差异，鉴于此，将常权重的计算公式改进为：

$$w_j = \frac{\exp(\sum_{t=1}^{n} e_t + 1 - e_j) - \exp(e_j)}{\sum_{l=1}^{n} [\exp(\sum_{t=1}^{n} e_t + 1 - e_l) - \exp(e_l)]} \tag{5-16}$$

式中：e_j、e_l、e_t 分别表示为指标因子 j、l 和 t 的熵值。

然后，构造变权向量均衡函数：

$$S_j(X_j) = \begin{cases} e^{v(u-x_{ij})} & x_{ij} \leqslant u \\ 1 & x_{ij} \geqslant u \end{cases} \tag{5-17}$$

$$\boldsymbol{S}(\boldsymbol{X}) = [S_1(x_i), S_2(x_i), \cdots, S_n(x_i)], j=1, 2, \cdots, n; v \geqslant 0; 0 < u \leqslant 1$$

式中：u 表示的是函数的否定因子，如果指标因子的值 x_{ij} 不大于 u，则可以通过变权的方法来增加其权重值。而 v 表示的则是函数的惩罚因子，也就是当 v 的值增大时，表明其惩罚的程度将增强。但是如果评价指标因子相互表现出相对均衡的状态时，那么其综合评价指数将更大。对于 u 和 v 的取值，将结合某个具体问题视情况进行选定。

最后，根据计算出的常权向量 $\boldsymbol{w}$ 及构造出的变权向量均衡函数 $\boldsymbol{S}(\boldsymbol{X})$，再利用式(5-4)，即可求算出变权向量矩阵 $\boldsymbol{W}$。

在确定出指标的变权向量矩阵 $\boldsymbol{W}$ 之后，可以根据变权指标权重及相应的单指标测度求算出评价对象的多指标综合测度，也即未确知测度为：

$$\boldsymbol{\mu}_{ik} = \sum_{j=1}^{m} w_j \mu_{ijk} (i = 1, 2, \cdots, n; k = 1, 2, \cdots, p), 0 \leqslant \mu_{ik} \leqslant 1, \sum_{k=1}^{p} \mu_{ik} = 1 \tag{5-18}$$

称 $\{\mu_{i1}, \mu_{i2}, \cdots, \mu_{ip}\}$ 为评价对象 $\boldsymbol{R}_i$ 的多指标综合测度评价向量。

3.置信度识别准则

设 λ 为置信度，其取值根据不同研究对象的特点，$0.5 \leqslant \lambda < 1$，使得：

$$k_0 = \min\{k: \sum_{l=1}^{k} \mu_{il} \geqslant \lambda, (k=1, 2, \cdots, p)\} \tag{5-19}$$

则认为评价对象 R_i 属于第 k_0 个评价类 C_{k_0}。

5.2.2 边坡稳定性评价指标体系的建立

鉴于此，为验证动态评价模型的可行性和可靠性，本书以参考文献[162]作为边坡稳定性评价案例，并选择岩石质量指标(X_1)、岩体结构特征(X_2)、地应力(X_3)、黏聚力(X_4)、内摩擦角(X_5)、边坡高度(X_6)、日最大降雨量(X_7)等 7 项指标作为边坡评价指标体系，如图 5-4 所示，用于分析、评价露天矿边坡的稳定性状态。

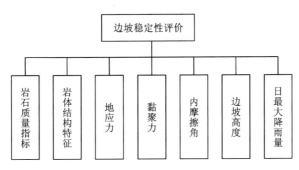

图 5-4　边坡稳定性评价指标体系

为了更明确地体现出各指标对边坡稳定性的影响大小，反映边坡的危险性程度，根据文献所述边坡稳定性状态分类方法，将其设定为 5 个等级，即Ⅰ级、Ⅱ级、Ⅲ级、Ⅳ级、Ⅴ级，分别对应地表示为边坡危险性状态是极稳定、稳定、基本稳定、不稳定、极不稳定并按照表 5-1 进行评价指标取值范围分类。

表 5-1　边坡危险性评价定量指标体系及相应评价等级标准

指标 等级	岩石质量 指标 (X_1)	岩体结 构特征 (X_2)%	地应力 (X_3)/MPa	黏聚力 (X_4)/MPa	内摩擦角 (X_5)/(°)	边坡 高度 (X_6)/m	日最大 降雨量 (X_7)/mm
Ⅰ	>90	>90	<2	>0.22	>37	<30	<20
Ⅱ	90-75	90-75	2-8	0.22-0.12	37-29	30-45	20-40
Ⅲ	75-50	75-50	8-14	0.12-0.08	29-21	45-60	40-60
Ⅳ	50-25	50-30	14-20	0.08-0.05	21-13	60-80	60-100
Ⅴ	<25	<30	>20	<0.05	<13	>80	>100

4.2.3 危险性动态评价模型的可行性分析

1.构建单指标测度函数以及评价矩阵

本书以参考文献[179]收集的4个露天矿边坡为例,其评价指标值如表5-2,建立危险性动态评价模型。为了验证其方法的可行性,先依据上述未确知测度理论构建单指标测度函数式(5-5)和式(5-6),构建出露天矿边坡各影响因素单指标测度函数如图5-5(a)~(g)。

表 5-2 露天矿边坡危险性评价指标值

边坡名称	危险性评价指标						
	X_1	X_2	X_3	X_4	X_5	X_6	X_7
P_1	72.00	15	0.44	0.024	12.0	46	120
P_2	65.23	63	3.65	0.130	44.5	43	344
P_3	87.21	82	6.77	0.220	46.0	51	344
P_4	89.46	84	12.23	0.210	42.0	47	344

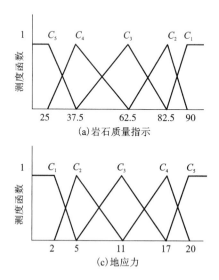

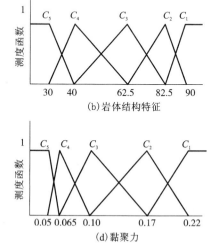

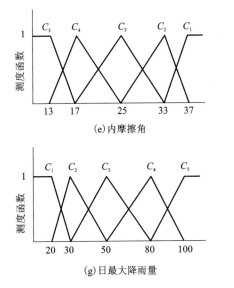

图 5-5　边坡各影响因素单指标测度函数

由此，根据单指标测度函数以及露天矿边坡各影响因素危险性评价指标值，并利用式(5-7)和式(5-8)，计算出露天矿 4 个边坡的单指标评价矩阵分别为：

$$(\pmb{\mu}_{1jk})_{7\times5}=\begin{bmatrix} 0 & 0.4750 & 0.5250 & 0 & 0 \\ 0 & 0 & 0 & 0 & 1 \\ 1 & 0 & 0 & 0 & 0 \\ 0 & 0 & 0 & 0 & 1 \\ 0 & 0 & 0 & 0 & 1 \\ 0 & 0.4333 & 0.5667 & 0 & 0 \\ 0 & 0 & 0 & 0 & 1 \end{bmatrix} \qquad (5-20)$$

$$(\pmb{\mu}_{2jk})_{7\times5}=\begin{bmatrix} 0 & 0.1365 & 0.8635 & 0 & 0 \\ 0 & 0.025 & 0.975 & 0 & 0 \\ 0.45 & 0.55 & 0 & 0 & 0 \\ 0 & 0.4286 & 0.5714 & 0 & 0 \\ 1 & 0 & 0 & 0 & 0 \\ 0 & 0.8333 & 0.1667 & 0 & 0 \\ 0 & 0 & 0 & 0 & 1 \end{bmatrix} \qquad (5-21)$$

$$(\boldsymbol{\mu}_{3jk})_{7\times5} = \begin{bmatrix} 0.6280 & 0.3720 & 0 & 0 & 0 \\ 0 & 0.9750 & 0.0250 & 0 & 0 \\ 0 & 0.7050 & 0.2950 & 0 & 0 \\ 1 & 0 & 0 & 0 & 0 \\ 1 & 0 & 0 & 0 & 0 \\ 0 & 0.100 & 0.900 & 0 & 0 \\ 0 & 0 & 0 & 0 & 1 \end{bmatrix} \quad (5-22)$$

$$(\boldsymbol{\mu}_{4jk})_{7\times5} = \begin{bmatrix} 0.9280 & 0.0720 & 0 & 0 & 0 \\ 0.2000 & 0.8000 & 0 & 0 & 0 \\ 0 & 0 & 0.7950 & 0.2050 & 0 \\ 0.8000 & 0.2000 & 0 & 0 & 0 \\ 1 & 0 & 0 & 0 & 0 \\ 0 & 0.3667 & 0.6333 & 0 & 0 \\ 0 & 0 & 0 & 0 & 1 \end{bmatrix} \quad (5-23)$$

2. 计算指标动态变权重

根据前述计算动态变权向量方法，首先利用信息熵的方法计算出指标常权向量 w 为：

$w = [0.1059 \quad 0.1312 \quad 0.1079 \quad 0.1337 \quad 0.1292 \quad 0.1047 \quad 0.2874]$

与此同时，在实际数据获取时，由于各因素指标的量纲（单位）不同，无法统一计算、处理。根据图 5-1，为了计算出指标的动态权重，还应将不同量纲（单位）的各指标数据进行归一化处理，以保证影响因素指标之间具有可比性。目前，进行归一化处理的方法有很多，但是鉴于呈现复杂、动态变化的各因素对边坡稳定性所表现出来的状态或结果的不同，对边坡影响因素指标归一化处理通常采用以下两种方式：

一种是，当某因素指标值越大时，边坡稳定性状态越好，即效益型：

$$b_{ij} = \frac{a_{ij} - \min(a_{ij})}{\max(a_{ij}) - \min(a_{ij})} \quad (5-24)$$

另一种是，当某因素指标值越小时，边坡稳定性状态越好，即成本型：

$$b_{ij} = \frac{\max(a_{ij}) - a_{ij}}{\max(a_{ij}) - \min(a_{ij})} \quad (5-25)$$

因此，根据上述归一化处理的基本思想，在岩石质量指标(X_1)、岩体结构特征(X_2)、地应力(X_3)、黏聚力(X_4)、内摩擦角(X_5)、边坡高度(X_6)、日最大降雨量(X_7)等 7 项影响边坡稳定性因素指标中，岩石质量指标(X_1)、岩体结构特征(X_2)、黏聚力(X_4)、内摩擦角(X_5)等 4 项指标属于效益型(越大越优型)，而地应力(X_3)、边坡高度(X_6)、日最大降雨量(X_7)等 3 项指标则属于成本型(越小越优型)。据此，则可以计算出 4 个边坡的归一化处理后的指标矩阵 $\boldsymbol{B}$ 为：

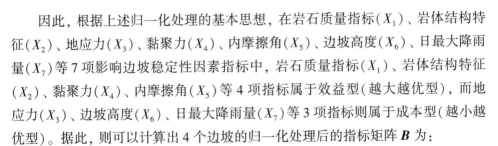

$$\boldsymbol{B} = \begin{bmatrix} 0.7231 & 0 & 1 & 1 & 0 & 0.68 & 0 \\ 0.6189 & 0.55 & 0.9083 & 0.4706 & 1 & 0.74 & 0 \\ 0.9571 & 0.8667 & 0.735 & 1 & 1 & 0.58 & 0 \\ 0.9917 & 0.9 & 0.4317 & 0.9412 & 1 & 0.66 & 0 \end{bmatrix}$$

求算出归一化指标矩阵 $\boldsymbol{B}$ 之后，则可以根据式(5-15)、(5-16)和(5-4)分别计算出 4 个边坡的变权向量，不过应该注意的是，变权向量函数中的 u 和 v 取值，根据相关参考文献及归一化矩阵 B 中数据所处边缘状态数值情况加以考虑，本书将 v 的值设定为 0.5，否定参数 u 的值设定为 0.7。则，求算出 4 个边坡的变权向量 $\boldsymbol{W}$ 为：

$$\boldsymbol{W} = \begin{bmatrix} 0.1093 & 0.1520 & 0.0758 & 0.0939 & 0.1497 & 0.0863 & 0.3330 \\ 0.0984 & 0.1262 & 0.0868 & 0.1338 & 0.0992 & 0.0916 & 0.3640 \\ 0.0940 & 0.1164 & 0.0957 & 0.1186 & 0.1147 & 0.0987 & 0.3619 \\ 0.0930 & 0.1153 & 0.1084 & 0.1175 & 0.1135 & 0.0939 & 0.3584 \end{bmatrix}$$

由此，可以得到 4 个边坡变权重与其常权重对比如图 5-6 中(a)~(d)所示。

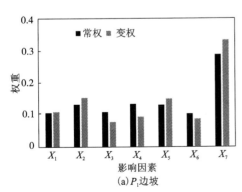

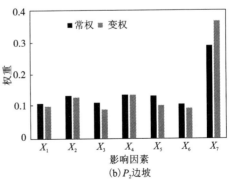

(a)P_1边坡　　　　　　(b)P_2边坡

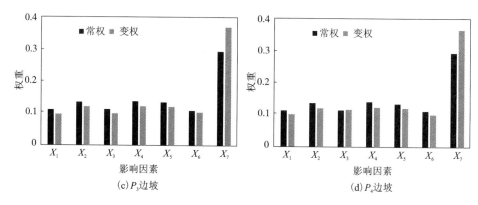

图 5-6　各边坡变权重与其常权重对比

3.计算多指标测度向量

依据动态变权方法所计算出的 4 个边坡的影响因素评价指标动态变权重 W 的基础上，再利用式(5-17)和单指标评价矩阵式(5-19)至式(5-22)，则可以分别得到 4 个边坡的多指标测度向量 $\boldsymbol{\mu}$ 为：

$$\boldsymbol{\mu} = \begin{bmatrix} 0.0758 & 0.0893 & 0.1063 & 0 & 0.7286 \\ 0.1383 & 0.1980 & 0.3007 & 0 & 0.3640 \\ 0.2940 & 0.2241 & 0.1200 & 0 & 0.3619 \\ 0.3169 & 0.1569 & 0.1456 & 0.0222 & 0.3584 \end{bmatrix}$$

4.边坡稳定性评价及分析

依据前述置信度识别要求，本书将边坡稳定性的置信度 λ 设定为 0.5，根据所获取的 4 个边坡多指标测度向量 $\boldsymbol{\mu}$ 以及置信度识别准则式(5-18)，求得 4 个露天矿边坡危险性综合未确知测度及评价等级，并与改进熵权-功效法、理想点法、可拓理论和实测结果相比较如表 5-3。

表 5-3　不同方法评价边坡稳定性等级结果

边坡名称	理想点法	可拓理论	改进熵权 -功效法	本书评价 等级	实测等级
P_1	V	V	V	V	V
P_2	IV	IV	IV	IV	IV
P_3	I	I	II	II	II
P_4	II	II	II	III	II

根据表 5-3 中的边坡评价结果显示，本书评价方法评判边坡稳定性等级的结论为：P_1 边坡的危险性等级为 V 级，即极不稳定，P_2 边坡的危险性等级为 Ⅳ 级，即基本稳定或不稳定，P_3 边坡的危险性等级为 Ⅱ 级，即稳定，P_4 边坡的危险性等级为 Ⅲ 级，即基本稳定，评价等级与改进熵权-功效法、理想点法、可拓理论和实测等级基本吻合，而 P_4 边坡的评价等级相对于其他评价方法来说，评价结果更趋保守（偏安全），对于指导矿山的安全生产以及防治具有重要的指导作用，也可为预警边坡稳定性状态提供重要依据。

此外，通过图 5-6 中 (a)~(d) 及表 5-3 中的结果还显示，采用常权方法与采用动态变权重的方法进行权重计算时，由于 4 个边坡的指标值不相同，导致边坡各指标的权重有较大的改变；此外，从图中还可以看出，随着日降雨量的增大，其权重也相应增大，较客观地反映了各指标对边坡影响程度的变化情况。因此，对边坡的评价结果也有所不同，更符合实际。

因此，从以上分析可以看出，采用动态变权重，以及未确知测度与信息熵相结合的方法，不仅解决了处理不确定性信息复杂以及指标权重确定主观性的问题，而且还充分考虑了因素指标值动态变化造成的权重不均衡性的问题，具有较强的可靠性和实用性，稳定性评价结果可靠，为指导矿山安全生产，保障工作人员的生命财产安全提供技术支持，也为露天矿边坡的危险性评价提供了新方法、新途径，用于越堡露天矿边坡稳定性评价是可行的。

5.3　HP1 边坡稳定性评价

5.3.1　HP1 边坡稳定性影响因子的提取

依据第 4 章越堡露天矿边坡稳定性评价指标挖掘的内容，提取出影响 HP1 边坡稳定性的主要因素有：1) 与地质条件有关的因素：岩体结构（X_1）、地质构造（X_2）、地层岩性（X_3）、内摩擦角（X_4）、黏聚力（X_5）；2) 与水文条件有关的因素：地下水体（X_6）、水文条件（X_7）、月最大降雨量（X_8）；3) 与工程条件有关的因素：边坡坡度（X_9）以及边坡高度（X_{10}）等 10 项评价指标，如图 5-7 所示。同时，依据越堡露天矿地质总工程师、项目负责人以及技术负责人等专家的经验及 HP1 边坡实际，将其危险性评价等级设定为 $\{C_1, C_2, C_3, C_4\}$，即 I 级、II 级、III 级、IV级，表示发生崩塌的危险性极高、危险性较高、危险性一般和危险性较低等 4 个等级。在所提取的 10 项复杂、不确定性影响因子中，有定性的，也有定量的，现将其中岩体结构、地质结构、地层岩性、地下水体以及水文条件等 5 项定性因素进行分级并赋值如表 5-4 所示，并将内摩擦角、黏聚力、边坡高度、边坡坡度以及月最大降雨量等 5 项定量因素进行分级评价如表 5-5 所示。

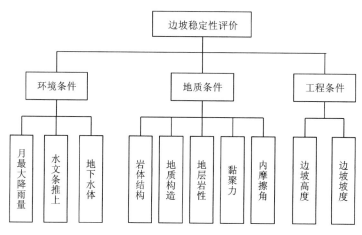

图 5-7 越堡露天矿边坡的评价影响因子

表 5-4 越堡露天矿边坡危险性评价定性指标体系及相应评价等级和赋值

影响程度分级	赋值	影响因素				
		岩体结构（X_1）	地质构造（X_2）	地层岩性（X_3）	地下水体（X_6）	水文条件（X_7）
I 级（C_1）	1	岩体松软、破碎，结构面发育	断层节理裂隙很发育，岩体破碎近似散体	软岩	中等水压	透水性强，有弱面
II 级（C_2）	2	岩体较松软、破碎，结构面较发育	有断层，裂隙较发育，岩体完整性差	软－较硬	有裂隙水	中等透水，有夹层弱面

续表5-4

影响程度分级	赋值	影响因素				
		岩体结构 (X_1)	地质构造 (X_2)	地层岩性 (X_3)	地下水体 (X_6)	水文条件 (X_7)
Ⅲ级 (C_3)	3	岩体较完整呈层状结构	有断层,裂隙较发育,岩体完整性中等	较硬	潮湿	透水性弱,有影响工程质量的夹层弱面
Ⅳ级 (C_4)	4	岩体呈整体块状体	无断层或有不影响工程的小断层,裂隙稍发育	坚硬	干燥	透水性很小,无弱面

表 5-5　越堡露天矿边坡危险性评价定量指标体系及相应评价等级标准

影响程度分级	影响因素				
	内摩擦角 (X_4)	黏聚力 (X_5)	月最大降雨量(X_8)	边坡坡度 (X_9)	边坡高度 (X_{10})
Ⅰ级(C_1)	<18	<0.05	>300	60~80	>100
Ⅱ级(C_2)	27~18	0.09~0.05	150~300	40~60	60~100
Ⅲ级(C_3)	35~27	0.13~0.09	80~150	20~40	20~60
Ⅳ级(C_4)	>35	>0.13	<80	0~20	<20

5.3.2　不同降雨条件下 HP1 边坡稳定性评价与分析

为了科学准确地评价越堡露天矿边坡的稳定性状态,本书以露天矿边坡研究区及外围区域所采集到的地质、工程地质、水文地质、环境地质、构造、地震、气象水文等有关资料为基础,以矿山西侧 HP1 边坡为例,调查显示:在 5 项定性指标中,HP1 边坡的岩体破碎、节理裂隙发育、地层岩性以页岩与砂岩软硬相间为主、地下水以上升泉形式轻微渗出、地表水中等透水且有夹层弱面。鉴于此,则可以根据表 5-4 中定性指标赋值的基本原则及岩石参数实验数据,将 HP1 边坡在不同月最大降雨条件下的 10 项定性和定量指标数据值(特别注意:边坡在不同月最大降雨条件下各指标的取值应依据实际参考值)列入表5-6中。

表5-6　HP1边坡不同月最大降雨条件下各因素危险性评价指标值

方案	X_1	X_2	X_3	X_4 /(°)	X_5 /MPa	X_6	X_7	X_8 /mm	X_9 /(°)	X_{10} /m
S_1	2	2	2	26	0.1	3	3	60	50	79.6
S_2	2	2	2	21	0.06	2	2	120	50	79.6
S_3	2	2	2	21	0.06	2	2	240	50	79.6
S_4	2	2	2	21	0.06	2	2	300	50	79.6

1. 构建单指标测度函数以及评价矩阵

根据前文构建单指标测度函数以及评价矩阵的方法,现得到HP1边坡各影响因素的单指标测度函数如图5-8(a)~(f)所示。

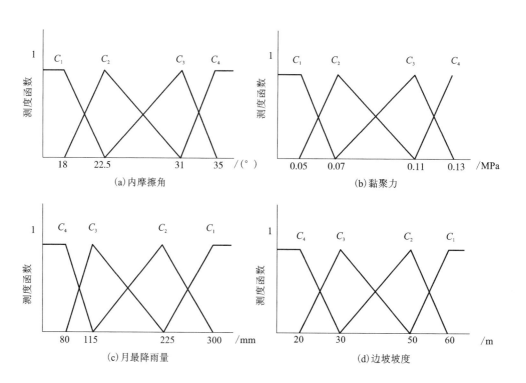

(a)内摩擦角

(b)黏聚力

(c)月最降雨量

(d)边坡坡度

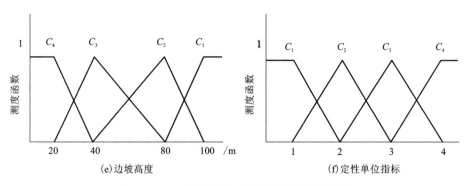

图 5-8　HP1 边坡各影响因素单指标测度函数

由此，可以计算出 HP1 边坡的单指标评价矩阵为：

$$(\boldsymbol{\mu}_{1jk})_{10\times4} = \begin{bmatrix} 0 & 1 & 0 & 0 \\ 0 & 1 & 0 & 0 \\ 0 & 1 & 0 & 0 \\ 0 & 0.5882 & 0.4118 & 0 \\ 0 & 0.25 & 0.75 & 0 \\ 0 & 0 & 1 & 0 \\ 0 & 0 & 1 & 0 \\ 0 & 0 & 0 & 1 \\ 0 & 1 & 0 & 0 \\ 0 & 0.99 & 0.01 & 0 \end{bmatrix}$$

$$(\boldsymbol{\mu}_{2jk})_{10\times4} = \begin{bmatrix} 0 & 1 & 0 & 0 \\ 0 & 1 & 0 & 0 \\ 0 & 1 & 0 & 0 \\ 0.3333 & 0.6667 & 0 & 0 \\ 0.5 & 0.5 & 0 & 0 \\ 0 & 1 & 0 & 0 \\ 0 & 1 & 0 & 0 \\ 0 & 0.0455 & 0.9545 & 0 \\ 0 & 1 & 0 & 0 \\ 0 & 0.99 & 0.01 & 0 \end{bmatrix}$$

$$(\boldsymbol{\mu}_{3jk})_{10\times4}=\begin{bmatrix} 0 & 1 & 0 & 0 \\ 0 & 1 & 0 & 0 \\ 0 & 1 & 0 & 0 \\ 0.3333 & 0.6667 & 0 & 0 \\ 0.5 & 0.5 & 0 & 0 \\ 0 & 1 & 0 & 0 \\ 0 & 1 & 0 & 0 \\ 0.2 & 0.8 & 0 & 0 \\ 0 & 1 & 0 & 0 \\ 0 & 0.99 & 0.01 & 0 \end{bmatrix}$$

$$(\boldsymbol{\mu}_{4jk})_{10\times4}=\begin{bmatrix} 0 & 1 & 0 & 0 \\ 0 & 1 & 0 & 0 \\ 0 & 1 & 0 & 0 \\ 0.3333 & 0.6667 & 0 & 0 \\ 0.5 & 0.5 & 0 & 0 \\ 0 & 1 & 0 & 0 \\ 0 & 1 & 0 & 0 \\ 1 & 0 & 0 & 0 \\ 0 & 1 & 0 & 0 \\ 0 & 0.99 & 0.01 & 0 \end{bmatrix}$$

2.计算指标动态变权重及多指标测度

根据前文计算方法,可以计算出指标归一化矩阵 $\boldsymbol{B}$,然后再通过分析 $\boldsymbol{B}$ 矩阵中各归一化指标的值及边坡实际,将 v 的值设定为 0.5,否定参数 u 的值设定为 0.3,可以分别计算出 HP1 边坡在不同月最大降雨条件下的指标常权向量 $\boldsymbol{w}$ 和变权向量 $\boldsymbol{W}$ 以及多指标测度向量 $\boldsymbol{\mu}$ 为:

$$\boldsymbol{w} = [\,0.0930 \quad 0.0930 \quad 0.0930 \quad 0.1009 \quad 0.1165 \quad 0.0967 \quad 0.0967 \quad 0.1242 \quad 0.0930 \quad 0.0930\,]$$

$$\boldsymbol{B} = \begin{bmatrix} 0.3333 & 0.3333 & 0.3333 & 0.4706 & 0.6250 & 0.6667 & 0.6667 & 1 & 0.25 & 0.255 \\ 0.3333 & 0.3333 & 0.3333 & 0.1765 & 0.1250 & 0.3333 & 0.3333 & 0.8182 & 0.25 & 0.255 \\ 0.3333 & 0.3333 & 0.3333 & 0.1765 & 0.1250 & 0.3333 & 0.3333 & 0.2727 & 0.25 & 0.255 \\ 0.3333 & 0.3333 & 0.3333 & 0.1765 & 0.1765 & 0.3333 & 0.3333 & 0 & 0.25 & 0.255 \end{bmatrix}$$

$$W = \begin{bmatrix} 0.0926 & 0.0926 & 0.0926 & 0.1005 & 0.1160 & 0.0963 & 0.0963 & 0.1235 & 0.0948 & 0.0948 \\ 0.0910 & 0.0910 & 0.0910 & 0.1051 & 0.1245 & 0.0947 & 0.0947 & 0.1216 & 0.0932 & 0.0932 \\ 0.0909 & 0.0909 & 0.0909 & 0.1049 & 0.1243 & 0.0945 & 0.0945 & 0.1229 & 0.0931 & 0.0931 \\ 0.0893 & 0.0893 & 0.0893 & 0.1031 & 0.1221 & 0.0928 & 0.0928 & 0.1385 & 0.0914 & 0.0914 \end{bmatrix}$$

$$\boldsymbol{\mu} = \begin{bmatrix} 0 & 0.5388 & 0.3411 & 0.1201 \\ 0.0973 & 0.7857 & 0.1170 & 0 \\ 0.1217 & 0.8774 & 0.0009 & 0 \\ 0.2339 & 0.7652 & 0.0009 & 0 \end{bmatrix} \tag{5-26}$$

由此，可以获得 HP1 边坡在不同月最大降雨条件下各影响因素权重的变化如图 5-9 所示。但是从动态变权重模型计算结果可以发现，由于部分影响因素为定性指标，其指标值都是由其等级确定的，当其指标等级相同或者指标值没有发生变化的情况下，出现权重相同（曲线重合）的问题。为此，要使动态变权重更合理、准确，应结合实际边坡情况，减少定性指标数量，尽可能搜集或测量出其具体参数值，为提高边坡危险性动态评价的准确性提供保障。

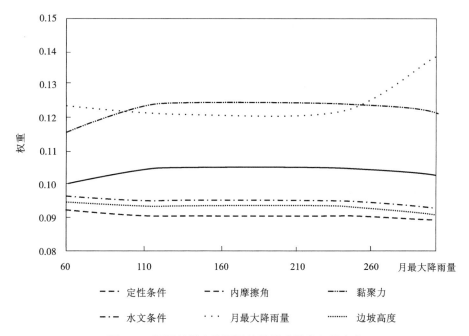

图 5-9　不同月最大降雨量边坡影响因素权重变化

3. HP1 边坡稳定性评价及分析

根据 HP1 边坡特点，将其稳定性置信度 λ 设定为 0.8，通过式(5-26)可以得出 HP1 边坡在不同月最大降雨条件下的危险性等级分别为Ⅲ级(边坡危险性一般)、Ⅱ级(危险性较高)、Ⅱ级危险性较高、Ⅱ级(危险性较高)。图 5-9 表明，随着降雨量的增大，月最大降雨量所占权重也相应增加，边坡的危险性程度也随之增加，矿山管理部门应重视 HP1 边坡在发生连续降雨情况下的防治工作。在实际中，根据矿区实测资料显示，受地质环境条件、采矿开挖山体、西侧鱼塘渗水及自然因素的影响，自 2016 年 10 月以来，HP1 边坡体在连续强降雨条件下发生了滑坡类地质灾害，这与模型预测结果具有较高的吻合度。由此可以看出，采用动态变权未确知测度模型进行边坡的危险性动态评价，以及预测边坡的稳定性状态具有较强的可靠性，可以指导矿区的安全生产与防治。

但是，从上述评价结果可以看出，在后三种降雨情况下，尽管评价出的边坡稳定性状态都为危险性较高等级，但其危险性程度依然不明确，对哪种状态下边坡的危险性更大解释得不清楚。由此，为更清晰、准确地反映边坡的危险性状态，本书提出危险性相对重要度指标 q，如式(5-27)所示，定量分析 HP1 边坡在不同月最大降雨条件下边坡的稳定性程度。

为计算方便以及定量确定边坡的危险性程度，本书根据前述边坡危险性等级分级原则，并按照 $C_1 > C_2 > C_3 > C_4$ 进行排序，分别对不同的等级赋予相应的取值，$I_1 = 4$，$I_2 = 3$，$I_3 = 2$，$I_4 = 1$。

$$q_{S_i} = \sum_{l=1}^{p} I_l \mu_{il} \tag{5-27}$$

其中：

$$\mu = \begin{bmatrix} 0 & 0.5388 & 0.3411 & 0.1201 \\ 0.0973 & 0.7857 & 0.1170 & 0 \\ 0.1217 & 0.8774 & 0.0009 & 0 \\ 0.2339 & 0.7652 & 0.0009 & 0 \end{bmatrix}$$

由此，根据上述赋值及危险度计算方法，可以计算出 4 种情况下 HP1 边坡的危险性程度分别为：

$$q_{S_1} = 2.4311 \qquad q_{S_2} = 2.9803 \qquad q_{S_3} = 3.1208 \qquad q_{S_4} = 3.2330$$

也即：

$$q_{s_4} > q_{s_3} > q_{s_2} > q_{s_1}$$

由此可得到不同月最大降雨量状态下的 HP1 边坡的危险性程度变化趋势如图 5-10 所示。

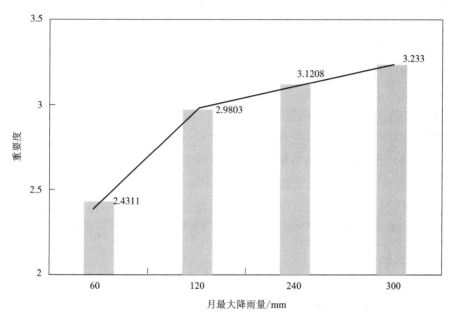

图 5-10 不同月最大降雨量状态下的 HP1 边坡的危险性程度变化

鉴于以上分析, 由此可以得出:

(1)随着月最大降雨量的不断增加, HP1 边坡的稳定性逐渐降低, 其危险性等级由Ⅲ级提高到Ⅱ级, 也即是 HP1 边坡发生滑坡的危险性程度由一般提高到较高状态, 有发生失稳的可能。根据矿区实测资料显示, 自 2016 年 10 月以来, HP1 边坡体在连续强降雨条件下发生了滑坡, 验证了动态变权重评价模型的可行性;

(2)根据危险性相对重要程度指标值 q 可以看出, 当月最大降雨量从 60 mm 增大到 120 mm 时, 其指标值 q 斜率变化较大, 危险性等级从一般提高到了较高状态, 表明降雨前期边坡的稳定性变化较为明显。而当月最大降雨量分别为 120 mm、240 mm 和 300 mm 的情况时, 尽管边坡的危险性等级没有发生改变, 但是其危险性程度指标值 q 却逐渐提高, 表明边坡在月最大降雨量达到一定程度时，其发生失稳的可能性逐渐增大，并最终导致 HP1 边坡发生滑坡类地质灾害；

（3）边坡在 4 种方案中，尽管影响边坡稳定性的评价指标没有发生变化，但是从图 5-9 可以看出，各指标的权重随着月最大降雨量的变化而变化，其权重不再是一个定值，而是呈现出非线性、动态的变化规律，以及各因素间具有强耦合性的特点；

（4）当月最大降雨量从 60 mm 增加到 120 mm 时，其指标权重减小，而内摩擦角和黏聚力所占权重则增加；而当月最大降雨量从 120 mm 增加到 300 mm 时，内摩擦角和黏聚力所占权重逐渐减小，而月最大降雨量的权重则逐渐增大，达到最大值，并在各影响因素指标中所占权重最大。由此可见，边坡的稳定性是各影响因素相互作用的综合反映，也充分体现出各影响因素之间具有耦合的特点，特别是月最大降雨量、内摩擦角和黏聚力 3 种影响因素之间具有较强的相关性。

由此可见，本书建立的边坡危险性动态评价模型，不仅揭示了评价指标权重动态变化的特征，而且利用危险性相对重要度指标 q，解决了边坡危险性评价结果模糊、不明确的问题，并且定量分析了不同降雨量情况下边坡的危险性程度。此外，其研究结果也表明，HP1 边坡在连续降雨的影响下，其稳定性处于危险性较高的状态，该边坡有发生失稳的可能，应重点防范。

5.3.3 HP1 边坡变形监测点稳定性分析

为进一步验证上述模型评价结果的可靠性及实用性，本书通过建立 HP1 边坡变形监测控制网（其具体分布见第 3 章监测点的布设方案），并依据其监测点位移变形趋势的方法，分析边坡的稳定性状态。

一般来说，在变形监测分析中，判断边坡是否会发生失稳，常用的方法是看监测点位移量是否大于其设定的预警阈值或控制阈值，当监测点累计位移量大于其预警阈值或控制阈值时，则认为该边坡发生失稳的概率很大。因此，设定合理、有效的预警阈值或控制阈值，是准确判断边坡是否会发生失稳的关键。鉴于此，本书结合越堡露天矿边坡历史资料及 HP1 边坡实际，并查阅相关规范及参考文献，将其报警阈值设为 30 mm，控制阈值设为 35 mm，且日均位移速率连续三天不得大于 2 mm/天，当其位移监测数据小于以上参数时，则认为该边坡发生失稳的概率较小。考虑到变形监测数据量大，本书仅列出位移变化量较大的 JC09和 JC12 监测点的累计位移变化趋势，如图 5-11 和图 5-12 所示，以分析边坡的稳定性。在此，各监测点的累计位移量的变化都是以 2016 年 12 月 10 日的监测数据作为参考数据。

由此,从上述JC09、JC12监测点各方向累计位移时间曲线可以看出,边坡各监测点的位移变形量前期(2016年12月至2017年8月)都呈现出增大的发展趋势,最大变形发生在JC12监测点处,其最大累计位移量为35.8 mm左右,达到控制阈值;JC09次之,其最大累计位移量为31.5 mm左右,超过了报警阈值,但在后期(2017年9月以后),其位移量基本都在最大累计位移量上下波动,变化不大,基本处于稳定状态。而其他监测点变形量则基本都小于边坡监测点的报警阈值30 mm,并且其位移变形频率都未出现连续三天超过2 mm/天的现象。由此可见,HP1边坡自从2016年10月发生滑坡后,该边坡部分区域在一段时间内(2016年12月至2017年8月)还有进一步发生失稳的可能,应重点关注,提高警惕,加强防治。然而,随着边坡治理的进一步深入,各监测点变形量基本保持不变,边坡将逐渐趋于稳定。

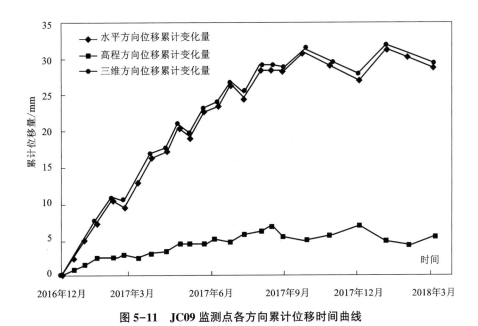

图5-11 JC09监测点各方向累计位移时间曲线

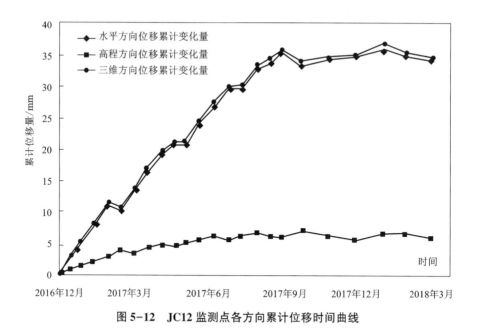

图5-12　JC12监测点各方向累计位移时间曲线

因此，综合5.3.2及5.3.3的研究结果可以看出，本书通过对HP1边坡变形监测点变形趋势的分析，进一步验证了动态评价模型结果的可靠性及实用性，充分说明了该边坡在受连续降雨的影响下，其稳定性属于危险性较高状态，该边坡发生失稳的可能性较大。由此可见，本书构建的边坡危险性动态评价模型具有一定的可行性和可靠性，对矿区的安全生产与防治起着重要的指导性作用。

5.4　边坡稳定性影响因素耦合性分析

影响露天矿边坡稳定性因素十分复杂、众多，有定性的，也有定量的，对各影响因子的评价等级以及赋值，有主观的，也有客观的。但在实际评定边坡稳定性应用中，如果考虑的因素越多，需要建立的模型越复杂，处理数据量就越大、越困难，反之，如果为了简化评价模型，减少处理数据量，忽略某些因素对边坡稳定性的影响，又不能全面地分析边坡稳定性因素，而造成危害，也正好验证了第3章中评价指标挖掘时所应遵循的基本原则。因此，为能够解决影响因素多、建模复杂等问题,本书提出改变影响因素及其指标值的实验方案,并引入边坡危险性重要度指标,对影响边坡稳定性因素进行综合分析,以达到省时、省力、经济的效果。

5.4.1　实验方案

1. 实验方案一

本方案以"水文条件"因素为实验分析对象。首先,在影响 HP1 边坡稳定性的上文 10 类因素中,将"水文条件"因素排除在外,认为只受到其他 9 类因素的影响,并根据式(5-26)计算出其危险性相对重要度 q,记为初始危险性重要度;然后,再将"水文条件"因素考虑在 HP1 边坡稳定性的影响因素中,并分别将其设定为 Ⅰ 级、Ⅱ 级、Ⅲ 级、Ⅳ 级,再分别计算出改变因素指标值后,HP1 边坡危险性相对重要度;最后将它们与初始危险性重要度进行对比,并计算出其相对变化率 $R(q)$。同理,可求得实验方案一中各等级情况下 HP1 边坡危险性重要度及其相对变化率,如表 5-7 所示。

表 5-7　方案一 HP1 边坡危险性重要度相对变化率

影响因素	水文条件				
等级	不考虑	Ⅰ 级	Ⅱ 级	Ⅲ 级	Ⅳ 级
q	2.9932	3.1360	2.9871	2.8924	2.7029
$R(q)$		4.77%	−0.20%	−3.37%	−9.70%

2. 实验方案二

本方案以"水文条件"和"地下水体"因素为实验分析对象。实验方案计算方法与实验方案一相同,并得出实验方案二中各等级情况下 HP1 边坡的危险性重要度及其相对变化率,如表 5-8 所示。

表 5-8　方案二 HP1 边坡危险性重要度相对变化率

影响因素	水文条件与地下水体				
等级	不考虑	Ⅰ 级	Ⅱ 级	Ⅲ 级	Ⅳ 级
q	2.9528	3.2650	2.9940	2.7519	2.2676
$R(q)$		10.57%	1.40%	−6.8%	−23.21%

由此，两种方案中，在影响因素不同等级的情况下，HP1 边坡的危险性重要度对比，如图 5-13 所示。

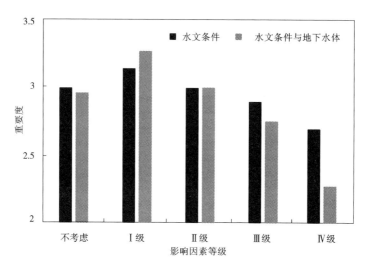

图 5-13　两种方案危险性重要度对比

5.4.2　实验分析

在其他影响因素不变的情况下，对 HP1 边坡稳定性及各影响因素耦合程度进行分析，可以通过表 5-7、表 5-8 和图 5-13 的实验数据得出以下结论：

(1)随着 HP1 边坡的"水文条件"和"地下水体"影响因素等级的不断提高，两种方案中，边坡的稳定性重要度逐渐增加，其稳定性越来越差，甚至有发生地质类灾害的可能性，说明在进行边坡设计和开采的过程中，应充分考虑"水文条件"和"地下水体"对其稳定性的影响；

(2)在上述两种实验方案中，当影响因素指标等级为Ⅲ级和Ⅳ级时，方案二相比于方案一，HP1 边坡的稳定性重要度都更小，但其稳定性相对变化率 $R(q)$ 增量分别为 6.8% 和 23.21%，定量地说明良好的"水文条件"和"地下水体"有助于提高边坡的稳定性，减小边坡发生灾害的概率；当所考虑影响因素为Ⅰ级，方案二相比于方案一，边坡的危险性相对重要度 q 有一定的增加，其相对变化率 R (q) 却由 4.77% 上升到了 10.57%，说明不利的"水文条件"和"地下水体"，增大了边坡发生危险性的概率。以上分析都表明"水文条件"和"地下水体"两类因素间存在一定的"弱耦合"现象；

（3）如果将某一定性因素设为 II 级或不考虑该因素影响两种情况，研究其对 HP1 的边坡稳定性，并进行对比分析，通过实验数据显示，两者所得到的边坡危险性相对重要度 q 基本相同，但是与其他等级情况下相比，其重要度指标变化却比较大，说明在进行边坡稳定性评价时，不能忽略该因素对边坡的影响，但在实际建模和计算中，可以不参与计算，减小了研究者工作量，提高工作效率，并为分析该露天矿其他边坡的稳定性提供参考。

第6章 越堡露天矿 HP1 边坡防治方案设计及应用

边坡滑坡或崩塌是大部分露天矿日常生产施工中经常会遇到的一种自然灾害，它严重威胁着矿山的安全生产及员工的生命财产安全，受到了众多矿山企业管理者及科研工作者的关注。因此，对已发生滑坡或可能会发生滑坡的边坡进行防治已成为露天矿边坡科学研究及矿山日常管理中一项非常重要的工作内容。

越堡露天矿矿区受地质环境条件、边坡山体开挖、西侧鱼塘渗水及自然条件等因素的影响，自 2016 年 10 月以来，西侧 HP1 边坡体在受到连续强降雨的情况下发生了滑坡类地质灾害，坡顶见贯通性环状张拉裂缝，对坡脚和坡顶附近人员生命财产安全构成了严重的威胁。本章以此为出发点，在分析越堡露天矿西侧 HP1 边坡基本情况的基础上，根据边坡治理设计基本原则和要求，以及各项设计内容，提出了两种不同的边坡防治方案，并依据边坡治理投资预估费用对比优选出安全、经济、合理、高效的防治方案；然后，结合矿山岩土力学参数，采用圆弧形滑动面(瑞典条分法)的方法对不同工况条件下治理后的边坡稳定性进行分析，并分别计算出其稳定性安全系数 F_s，评价其稳定性及治理效果，以确定治理方案的可行性，为露天矿边坡的日常安全生产和管理提供科学指导。

6.1 边坡防治方案设计基本要求

边坡防治方案设计的好坏直接影响着矿山边坡治理的效果，是指导矿山日常管理和生产的重要依据。因此，在依据矿山边坡岩土力学参数及其特征的基础上，计算治理后不同工况状态下边坡的稳定性，应充分兼顾防治的安全性、经济性、合理性以及有效性，才能更好地选择合适的防治方案，为矿山的安全生产服务。

6.1.1 HP1 边坡治理的必要性

根据越堡露天矿边坡实地调查结果及前几章节研究内容分析可知，现有 HP1 边坡在地形地貌被破坏以及内外部各种因素作用的情况下，边坡处于不稳定状态，而且自 2016 年 10 月以来，HP1 边坡体在受到连续强降雨的情况下发生了滑坡类地质灾害，坡顶出现有贯通性环状张拉裂缝，严重威胁到矿山作业人员、车辆、机械及矿山本身的安全，对矿区的建设、正常工作及生产造成了严重影响。

目前，越堡露天矿 HP1 边坡被分级放坡开挖，形成了现有的四级边坡，每级高度为 6.3~20.5 m 不等，坡角约为 45°~55°，总体倾向为 60°，在每级边坡都设置有平台，其中第一级与第二级坡间平台宽约 12~13 m，第二级与第三级坡间平台宽约 8~9 m，第三级与第四级坡间平台宽约 2~3 m，并且坡顶修筑了宽约 0.8 m、深度约 0.5 m 的截水沟，如图 6-1 所示，水沟底除采用硬化等基本措施外，对 HP1 边坡的防护和治理再无其他有效的支护及治理措施。鉴于此，非常有必要对 HP1 边坡进行有效的治理，以确保安全。

图 6-1 坡顶截水沟布设情况

6.1.2 露天矿边坡治理的基本原则和要求

由于滑坡治理费用高、经济效益低，导致矿山企业经常忽视对露天矿边坡的防治，重视程度不足。但为了更好地开展矿山日常管理和施工，对已发生滑坡或可能会发生滑坡的边坡进行安全、经济、合理、优化、可行的综合防治方案设计，是彻底消除露天矿边坡灾害隐患，确保矿区安全生产和人民生命财产安全最基本的原则。而对于不同地质条件、工程特性以及外界扰动条件下的露天矿边坡而言，由于其稳定性主要影响因素及指标参数值的不同，边坡的稳定性状态也有所不同，故其防治措施、设计方案以及施工方法的选择也存在一定的差别。但总体来说，为了保证边坡防治设计方案的科学性、合理性和可行性，应充分考虑以下几个方面的基本要求：

(1)应全面调研、准确分析影响露天矿边坡的主要因素，并在不影响边坡治理效果的前提下，尽量消除或削弱致使边坡稳定性下降的各种不利因素。根据本书第 2 章、第 3 章以及第 4 章中边坡稳定性因素内容分析，本次边坡治理主要考虑岩体结构、地质构造、地层岩性、内摩擦角、黏聚力、地下水体、水文条件、月最大降雨量、边坡坡度以及边坡高度等方面的因素。

(2)对露天矿边坡灾害的防治，应当遵循预防与治理相结合的基本原则，做好边坡的稳定性评价、监测以及加固工作，实现提前预警，尽量避免出现滑坡现象。但是当边坡滑坡灾害发生后，应及时采用锚索(杆)、注浆、抗滑桩、挡墙等可行性技术方法加固边坡的潜在滑动体，以降低边坡的下滑力和提高边坡岩土体的抗滑能力，而当滑动体无法加固时，应尽量及时全面清理。

(3)边坡滑坡除了对矿山本身会造成严重的灾害之外，还可能会影响项目周围建(构)筑物的安全性。因此，在做好露天矿山边坡安全治理的前提下，还应加强对项目周围的建(构)筑物的防御工作。

(4)在滑坡安全防治可控的前提下，应充分结合露天矿边坡地质环境特点，考虑边坡治理费用的经济性，以及方案的科学性、合理性和可行性，避免出现盲目投入以及重复治理的现象，以节约投资。

(5)环境保护是当今社会发展的主旋律。因此，在对露天矿边坡进行防治方案设计的同时，还应充分考虑到保护环境、美化环境的基本要求，采取一定措施保证矿区的生态环境不受破坏。

6.1.3　防治方案设计的基本依据

在充分考虑上述边坡治理方案设计基本要求的基础上,本书结合越堡露天矿治理区域边坡的基本特征,在进行防治方案设计时,应考虑解决两个主要方面的问题,也即是将其作为解决问题的主要基本依据:

(1)露天矿边坡发生滑坡所需满足的基本条件是边坡滑动面的滑动力大于抗滑力。因此,在设计边坡防治方案时,为了防止滑坡的进一步发展,应采取一定的措施破坏边坡产生滑移的条件,增大抗滑力。

(2)根据前述章节的内容可知,地表水入渗是造成本次滑坡的最主要原因。因此,在设计边坡防治方案时,应尽量防止地表水入渗,疏导地下水排泄。

鉴于此,为更好地解决上述主要问题,保证露天矿边坡的安全、稳定,应采取相应的防治措施:

(1)对于已发生滑动的坡面,应将滑坡松散堆积物清理干净,并采用锚杆(索)+格构梁的方法作抗滑措施,阻止边坡进一步滑动的危险;而对于未滑动的坡面,应采用挂网喷锚或者素喷砼的措施,防止其发生小型的滑坡或崩塌。

(2)对于采用格构梁支护的坡面,应采取梁间绿化的措施,在每级平台上均设置绿化槽并种植灌木;而对于挂网喷锚的坡面,应当在坡脚种植爬墙虎绿化的措施。此外,对于未滑动坡段,应采用素喷砼护面并设置截(排)水沟的措施,最大限度地将雨水、地表水引出影响边坡稳定的区域。

6.1.4　边坡稳定性计算工况的选取

结合 HP1 边坡实际特点,并依据边坡危害等级分类,考虑到其潜在经济损失小于 5000 万元,受威胁人数小于 500 人,判定滑坡的危害对象等级为三级;此外,由于边坡最大高度约 79 m,破坏后果较为严重,判定边坡工程安全等级为一级,由此可见,根据规定要求,判断该工程防治等级为一级。为评价边坡防治方案的可行性,还要充分考虑其所受荷载问题,一般来说,边坡基本荷载主要有坡体自重及地下水两方面所产生的荷载,但由于 HP1 边坡体周边没有其他建(构)筑物等所产生的附加荷载以及其他的动荷载,此外,研究区地震对边坡的影响较小。因此,方案设计校核中仅考虑暴雨的影响,其防治方案设计按照以下三种工况的安全系数 F_s 进行设计和校核:

①设计工况：工况 I——自重状态，取 F_s 为 1.40；

工况 II——自重+地下水状态，取 F_s 为 1.20；

②校核工况：工况 III——自重+暴雨+地下水，校核 $F_s \geqslant 1.10$；

6.1.5 边坡稳定性计算参数的确定

岩土体力学参数是评价露天矿边坡稳定性的关键，也是计算其安全系数的基础。本书依据实地勘查报告，并结合工程经验，得到露天矿边坡研究区各层岩土体力学参数，其具体取值见表 6-1，为边坡防治方案的设计提供数据基础。

表 6-1　研究区各层岩土体力学参数取值

地层名称及层号	承载力标准值 f_{rb} /kPa	抗剪强度		岩土体天然容重 γ /(kN/m³)	岩土体饱和容重 γ_{sat} /(kN/m³)	压缩模量 E_s /MPa	变形模量 E_0 /MPa	承载力特征值 f_{ak} /kPa
		C/kPa	φ/(°)					
		天然	天然					
		饱和	饱和					
填土 (1-1)	17	10	10	17.5	18.5	/	/	60
		8	8					
黏土/亚黏土/粉质黏土 (2-1)	40	13	12	18	18.8	5.29	/	70
		11	10					
淤泥质细砂/细砂 (2-2)	18	/	16	18.2	19	/	4.0	100
		/	13					
淤泥/淤泥质黏土 (2-3)	16	10	10	17.8	18.5	1.99	/	50
		8	8					
黏土/亚黏土 (2-4)	45	18	16	18.5	19.5	5.5	/	150
		15	13					
泥炭 (3-1)	16	9	9	16.8	17.8	3.85	/	50
		8	8					

续表6-1

地层名称及层号	承载力标准值 f_{rb} /kPa	抗剪强度		岩土体天然容重 γ /(kN/m³)	岩土体饱和容重 γ_{sat} /(kN/m³)	压缩模量 E_s /MPa	变形模量 E_0 /MPa	承载力特征值 f_{ak} /kPa
		C/kPa 天然 饱和	φ/(°) 天然 饱和					
强风化含炭质泥岩（4-1）	70	28 23	20 18	20	21	/	80	300
中风化炭质泥岩/泥灰岩(4-2)	110	60(50) 50(40)	25(23) 22(19)	23	24	/	110	800
微风化灰岩(5-1)	200	120	60	23.2	24.2	/	200	1500

6.2　边坡防治措施的分析与设计

  本书依据前几章中关于 HP1 边坡稳定性评价指标的影响机理、稳定性评价及变形趋势分析的结果来看，边坡高度、边坡角度等是影响边坡稳定性的重要因素，此外，由于地面雨水沿着结构面的入渗，导致内摩擦角、黏聚力、地下水位等物理力学参数性质都发生了变化，并且在这些影响因素的综合作用下，最终导致边坡失稳，由此可见，降雨是诱发其发生失稳的最主要因素。

  根据第 3 章边坡影响机理的研究结果发现，降雨使得边坡承受的自重力(容重)增加、岩体整体强度降低、黏聚力减小、地下水位上升，降低了边坡的安全系数，导致边坡失稳。为此，为保证 HP1 边坡不发生进一步的失稳，有必要对地面雨水的入渗、边坡强度变化等参数采取一定的手段和措施进行分析及设计。鉴于 HP1 边坡实际，本书在充分考虑经济、安全、有效、环保等几个基本原则的基础上，主要从坡面整理、设置截(排)水工程以及锚杆抗滑等措施对其进行分析与设计，以减小边坡所受自重力、降低地面雨水渗流、增强岩土体抗滑能力等，为实现越堡露天矿边坡的安全生产与管理提供保障。

6.2.1 削坡及坡面整理

由于 HP1 边坡的滑坡，导致边坡体产生了大量的松散物。为减小边坡承受的容重，减小下滑力，应充分清理滑坡产生的松散堆积物，并在坡顶处进行适当削坡，利用现有已分级坡面，将原坡面分为四级，并注意保证排水沟流水方向正确，而且从上到下，坡率分别设为 1：1.0、1：1.0、1：0.52、1：0.58。最下一级（第一级）坡采用素喷砼护面，喷砼厚度不小于 100 mm，第二、三级坡采用锚杆+网喷砼，第四级坡采用锚索+格构梁支护。此外，第二级坡设置 2 m（垂直距离）×2 m（水平距离）的锚杆，长度均为 3 m，入射角为 20°，坡底地面设置一培土槽，种植爬墙虎等攀爬植物；第三级坡设置 2.5 m（垂直距离）×2.5 m（水平距离）的锚杆，长度均为 9 m，入射角为 35°，坡底地面也设置一培土槽，种植爬墙虎等攀爬植物；第四级坡坡面设置 2.5 m（垂直距离）×2.5 m（水平距离）的锚索，长度均为 17 m，入射角为 35°，每级坡坡底平台均设置培土槽，种植灌木，坡面采用生态袋绿化；此外，在稳定坡体的坡顶处还应设置一排截水沟，每级平台及坡脚处均应设置一条排水沟，在坡体上部开挖时所产生的两侧边坡，应对其进行 1：1 的放坡，并且坡面采用厚度为 150 mm 的挂网喷锚支护措施。

6.2.2 截（排）水工程设计

水是影响边坡稳定性的重要因素，并在很大程度上诱发了露天矿山边坡的滑坡，为合理控制水对滑坡的影响，在进行截（排）水工程设计时，必须对边坡水的来源要有较为全面的了解和掌握。而一般来说，水对边坡滑坡的主要影响形式体现在：①地表水和地下水的入渗通过物理和化学的作用降低了岩土体的强度参数（黏聚力和内摩擦角）；②增加了滑坡体的重度，增大了其下推力。但是，根据前述调查分析可知，HP1 边坡稳定性受地下水的影响较小，主要考虑地表水入渗对边坡的影响。因此，在滑坡治理中，为减小地表水对边坡稳定性的影响，应布设合适的截（排）水系统。

1.设计标准

（1）设计原则

截（排）水工程设计应在不改变边坡原有地形、地貌，并充分考虑在设置截（排）水沟过程中水土流失的情况下，坚持因地制宜的基本原则，利用边坡周边现

有的排水系统，根据实际情况合理部署，以降低边坡的治理费用。

（2）降雨标准

降雨标准是地表截（排）水工程设计中最基本的设计参数，它主要包括暴雨重现期和降雨历时标准两个方面的内容，是用于确定工程设计中暴雨强度的参考依据。鉴于此，本书结合露天矿区的气象勘查资料，并以降雨历时标准为设计参数，将工程设计中的暴雨强度确定为 100 mm/h。

（3）截（排）水沟超高标准及其他

在进行矿区地表截（排）水工程设计时，对排水沟超高标准以及流水控制标准都应符合相应的要求。对于排水沟超高标准来说，在设计情况下不应低于 0.3 m；而对于流水控制标准，在设计情况下不应超过 8 m/s。

2. 截（排）水工程设计

（1）截（排）水工程布置

针对边坡治理区降雨汇水面积及其所需排出的地表径流量，项目将依据露天矿边坡地形、变形等特征，并参照上述截（排）水工程设计标准，进行地表截（排）水工程的设计和布置。设计过程中，在充分利用边坡周边天然冲沟排水和已有排水沟排水的基础上，还应充分考虑与现有排水系统整体连接，并同时兼顾边坡治理区周边建筑物的基本情况以及边坡施工的便利情况，以便科学合理地进行截（排）水工程布置。鉴于此，在进行截（排）水工程设计时，坡顶设置一排截水沟，并且在每级平台及坡脚均设置一排排水沟，坡面两侧设置急流槽。此外，对于边坡周围存在有市政排水系统的，截（排）水工程的布置应尽量使得坡脚排水与市政排水系统相连接，而对于不满足市政排水系统要求的，应进行修（改）建。

（2）截（排）水沟水力设计

地表水汇流量和排水沟过流量是截（排）水沟水力设计的最基本参数，也是进行截（排）水沟水力设计的前提。为此，本书依据规定，并按照式（6-1）得到设计频率地表水汇流量 Q_p：

$$Q_p = 0.278 \psi S_p F / \tau^n \tag{6-1}$$

式中：Q_p——设计频率地表水汇流量（m³/s）；

ψ——径流系数，一般依据汇流区地表的地形、地貌的基本情况加以确定。本书根据越堡露天矿边坡地表实际状态，并结合 ψ 的取值范围，将 ψ 值取为 0.8；

S_p——设计降雨强度（mm/h）；

F——汇水面积(km^2);

τ——流域汇流时间(h);

n——降雨强度衰减系数。

此外,对于排水沟过流量的计算,则可由式(6-2)计算得到:

$$Q = W_s C_1 \sqrt{R i_w} \tag{6-2}$$

式中:Q——过流量(m^3/s);

W_s——过流断面面积(m^2);

C_1——流速系数(m/s);

R——水力半径(m);

i_w——水力坡降(°)。

而上式中,流速系数C_1则可以依据满宁计算公式(6-3)进行求算:

$$C_1 = R^{\frac{1}{6}} / n_1 \tag{6-3}$$

其中,$R = A/X$,A为截(排)水沟有效过水断面面积(m^2),X为湿周(m),n_1为糙率,可以依照规定要求的建议值进行取值,因此,对于浆砌片石沟渠来说,n_1的取值为0.025。

综上所述,截(排)水沟的水力设计应依据露天矿山边坡各水沟所在区域、控制的汇水面积以及所需排泄的过流量,并结合边坡截(排)水沟各断面的几何尺寸,计算并优化其水力设计。鉴于此,通过对比分析,本次工程将截(排)水沟的过水断面设计成为梯形断面,并采用M7.5浆砌片石加以衬砌。此外,在进行水力计算时,对于水流流速较大且超过其控制标准范围的沟段区域,应对沟底进行加糙处理,而且在明确其加糙型式以及加糙渠高度的同时,应以加糙后的水流流速不超过其控制范围作为基本原则。而对于部分高差较大的区域,应布设跌水阶梯,而且在其进出口处还应设置导流翼墙,使得其与水沟上、下游沟渠护壁相衔接。由此,根据上述计算方法,可以得到边坡滑坡体的截(排)水沟水力计算结果,如表6-2所示。

表 6-2　边坡体设计截(排)水沟水力计算结果

截排水沟型号	设计流量 Q/ (m^3/s)	过流断面面积 W_s /m^2	水力坡降 i /%	流速系数 C_1/ $(m \cdot s^{-1})$	水力半径 R /m	糙率 n_1	湿周 X /m	设计频率地表水汇流量 Q_p /(m^3/s)	径流系数 ψ	设计降雨强度 S_p/ (mm/h)	最大汇水面积 F/ (km^2)
截水沟	1.22	0.20	28.0	29.28	0.15	0.025	1.30	0.40	0.80	100	0.005
平台排水沟	3.63	0.20	250.0	29.28	0.15	0.025	1.30	0.32	0.80	100	0.0040
坡脚排水沟	3.63	0.20	250.0	29.28	0.15	0.025	1.30	1.68	0.80	100	0.0210

(3)截(排)水工程结构设计

①沟(渠)衬砌的设计。

为防止沟(渠)道水的渗漏及冲刷,其道底板的设计采用分层砖砌的方式加以铺设,厚度设为0.90 m,其中基础铺设为0.10 m 的砂浆垫层,并且在水流速超过5 m/s 的沟段区域,采用沟底横梁加糙的方法进行消能。而对于在沟底采用了加糙消能或者在沟底为0.5 m 处设置了高台阶状跌水方法的,其水流速度都不应超过流速控制标准为8 m/s 的范围。此外,对于截(排)水沟边壁的设置,本次项目采用砖砌筑的方式,并且将其边墙厚度设为0.24 m。

②沟渠开挖以及边坡处理的设计。

本次边坡治理项目采用人工的方式对截(排)水沟进行开挖,为确保其基础的牢固且稳定,应当将新开挖的截(排)水沟都布设在挖方土上,并确保所挖深度不能小于沟底的厚度及其侧面墙的高度之和。此外,对于开挖边坡的处理,应将其坡比设为1:0.15~1:0.2,并且在浇筑完之后,应当采用黏土对两侧超挖的区域加以回填并夯实,而对于在边坡陡坎处有可能出现落石影响的沟渠区域应当实施衬砌、挡土或削坡等措施加以处理。另外,对于还需要填方的区域应当进行分层处理,并加以夯实,以保证截(排)水沟的稳定和安全。

6.2.3　锚杆+格构工程设计

1. 设计标准

锚杆+格构工程的设计标准是按照边坡在暴雨工况条件下,将边坡推力安全系数设为 1.15 时,其剩余下滑力不大于 0。

2. 锚索计算

对于轴向拉力设计值为 $N_a = 320$ kN 的锚索来说,其杆体截面积 A_s 可以依据式(6-4)进行计算:

$$A_s = \frac{K_b N_a}{f_{py}}$$ 　　　　(6-4)

式中: f_{py}——钢绞线抗拉强度设计值(kPa),本次滑坡治理工程选择钢绞线锚索,其抗拉强度设计值为 1320 N/mm²;

K_b——杆体抗拉安全系数。由于本次边坡工程安全等级为一级,其锚索应设置为永久锚索,则根据钢绞线最小安全系数取值要求, K_b 取值为 2.2。

由此,根据式(6-4)计算出 A_s 为:

$$A_s = \frac{K_b N_a}{f_{py}} = \frac{2.2 \times 320 \times 1000}{1320} = 533.33 \ \text{mm}^2$$

鉴于此,在边坡治理项目预应力锚索的选择中,将选用 5×7Φ5 的钢绞线,通过计算得到其截面积 A_s 为 687.2 mm²,满足设计要求。

对于轴向拉力标准值 $N_{ak} = 320$ kN 的锚索来说,锚固段长度 l_a 可以依据式(6-5)进行计算:

$$l_a = \frac{K \times N_{ak}}{\pi \times D \times f_{rbk}}$$ 　　　　(6-5)

式中: l_a——锚固段长度(m);

K——锚固体抗拔安全系数。由于本次边坡工程安全等级为一级,其锚索应设置为永久锚索,则根据锚固体抗拔最小安全系数取值要求,将 K 取值为 2.6;

D——锚固体直径(m);

f_{rbk}——岩层与锚固体极限强度标准值(kPa),在本次边坡工程项目治理中,将 f_{rbk} 的取值设为 140 kPa。

由此,可以依据式(6-5)计算出锚固段长度 l_a 为:

$$l_a = \frac{2.6 \times 320}{3.14 \times 0.15 \times 140} = 12.6 \text{ m}$$

3. 锚杆设计

而对于 9 m 的锚杆(普通钢筋)来说,其轴向拉力设计值为 $N_a = 100$ kN,抗拉强度设计值为 $f_y = 360$ N/mm^2,则其截面积 A_s 同样可以参照式(6-4)计算得出:

$$A_s = \frac{K_b N_a}{f_y} = \frac{2.2 \times 100 \times 1000}{360} = 611.11 \text{ mm}^2$$

鉴于此,在边坡治理项目锚杆的选择中,将选用 $\Phi 28$ 的锚杆,通过计算得到其截面积 A_s 为 615.8 mm^2,满足设计要求。

同样,也可以计算出锚固段长度 l_a 为:

$$l_a = \frac{2.6 \times 100}{3.14 \times 0.15 \times 140} = 3.9 \text{ m}$$

4. 格构梁结构设计

本次工程项目所选锚索的轴向拉力设计值为 $N_a = 320$ kN,地基承载力特征值为 $f_{ak} = 300$ kPa,锚索间的距离 l 为 3.0 m,则可以依据式(6-6)计算出格构梁的宽度 b 为:

$$b = \frac{N_a}{2 \times 3.0 \times f_{ak}} \tag{6-6}$$

得出:$b = 0.18$ m。由此,在边坡滑坡治理工程项目中,根据需要,选择截面积为 400 mm×400 mm 的格构梁,采用强度为 C30 的混凝土并配筋。

由此,根据上述所选锚索的轴向拉力设计值及其间距等参数,可以计算出每米所传递的最大水平荷载:$q = 320/3.0 = 106.7$ kN/m。

在此基础上,则可以根据式(6-7)计算出格构梁承受的最大弯矩 M 为:

$$M = \frac{1}{12} q l^2 = \frac{1}{12} \times 106.7 \times 3^2 = 80 \text{ kN} \cdot \text{m} \tag{6-7}$$

则其截面积 A_s 为:

$$A_s = \frac{M}{f_y h_0} = \frac{80 \times 10^6}{360 \times 240} = 926 \text{ mm}^2$$

其中:h_0 为截面的有效高度(mm)。由此,在实际配筋中,可以选择配置 6Φ22 和 2Φ16 的格构梁,其截面积 $A_s = 3182$ mm^2。

由此可以得到格构梁承受的设计剪力 V 为:

$$V = \frac{1}{2}ql = \frac{1}{2} \times 106.7 \times 3 = 160.05 \text{ kN}$$

而梁砼抗剪力为:

$$V_{cs} = 0.7 f_t b h_0 + 1.25 f_{gv} \frac{A_{sv}}{S_d} h_0$$

$$= 0.7 \times 1.43 \times 400 \times 240 + 1.25 \times 210 \times \frac{201}{150} \times 240$$

$$= 180.52 \text{ kN} > 160.05 \text{ kN}$$

由此可以看出,材料选择满足设计要求。

式中:V_{cs}——构件斜截面上砼和箍筋受剪承载力的设计值(N);

f_{gv}——箍筋抗拉强度设计值(N/mm²),其值一般不大于 310 N/mm²;

A_{sv}——某一截面内所有箍筋截面积(mm²),$A_{sv}=a \cdot A_{sv1}$,其中,a 为箍筋的数量,A_{sv1} 为单肢箍筋截面积;

S_d——箍筋间距(mm);

b——格构梁的宽度(mm);

f_t——砼轴心抗压强度设计值(N/mm²),其取值依照规定要求。

6.3 HP1 边坡防治方案设计及选择

6.3.1 边坡防治方案的设计

边坡防治方案设计的好坏直接影响着矿山的安全生产、管理以及成本等,因此,选择合理、有效的防治方案是边坡治理的关键。本书在上述滑坡灾害治理方案设计基本原则和要求的基础上,结合研究区西侧 HP1 边坡的地质、地貌,以及现有治理方法和手段等,提出以下两种边坡防治方案:

(1)方案一:搅拌桩+清坡+锚杆(索)+挂网喷砼+修复坡顶截水沟+绿化

为防止鱼塘地表水的渗透,本方案采用双排搅拌桩的方法进行防渗截水,并将其布设于边坡拟治理段坡顶土路与鱼塘之间,而且深度以钻至中风化灰岩顶面为宜,桩径不小于 250 mm。此外,对于已发生滑坡的土体,应先对坡面进行清理,清除其表面松散岩土体,采用挂网喷混凝土+锚杆的方法进行防治,并辅以坡面绿化进行坡面支护。此外,如有必要,还需要对原有边坡的截(排)水沟进行修复。

治理边坡时应尽量利用原有削坡坡面及平台,去除现有坡面表部松散岩土体;而且在进行坡面喷砼防护时,砼的设计强度为 C25,喷射厚度为 150 mm,并分 2 次完成,此外,还应设置泄水孔和伸缩缝;而在进行预应力锚索设计时,应需确定锚固段长度、砂浆配合比、拉拔时间等内容,此外,还应由设计计算确定锚杆(索)长度,使其穿过最大潜在滑动面不小于 1.5 m 处,再采用全黏结的方式进行灌浆;另外,对已破坏的坡面,还应采用种草或爬墙虎等加以绿化。采用喷锚支护的坡脚,爬墙虎密度为 4 株/米;采用格构梁支护的坡脚,为 3 株/米。

(2)方案二:钢板桩+高压喷射注浆+清坡+锚杆(索)+挂网喷砼+修复坡顶截水沟+绿化

本方案主要是通过在已发生滑坡的坡段区域采用咬合式钢板桩结合高压喷射注浆的方法,以截断矿区地表鱼塘水继续向着矿坑方向渗透。此外,对已发生滑坡段区域,还应对边坡表面松散岩土体进行清理,并采用锚杆(索)+挂网喷砼的方法进行加固,辅以坡面绿化的方式进行坡面防护;另外,在条件允许的情况下,尽量修复边坡原截(排)水系统,提高利用率。

采用钢板桩结合高压喷射注浆法进行截水时,应先采用钢板桩对已发生滑坡的地段进行支护,再采用高压注浆法进行截水,其中,高压注浆的深度可至中风化基岩面,也可依据规定的要求计算加以确定;此外,尽量利用现有削坡坡面,采用锚索(锚杆)+挂网喷砼的方法对边坡进行支护,并且在进行预应力锚索设计时,除要保证预应力锚索的设置达到锁定锚固力设计的要求外,还应进行拉拔力试验,以确定锚固段长度、砂浆配合比以及拉拔时间等内容,而且锚杆(索)的长度也由试验确定,并使其穿过最大潜在滑动面不小于 1.5 m 处,再采用全黏结的方式进行灌浆;另外,对已破坏的坡面,还应种草或种爬墙虎等方式加以绿化。

6.3.2　边坡防治方案的确定

滑坡灾害防治方案为指导矿山边坡的安全生产、管理、施工等提供重要的技术保障,选择合理、有效地防治方案是矿山提高工作效率、降低投入经费以及保证安全施工生产和管理的关键内容。本书根据上述露天矿边坡治理各项工程设计的基本原则及设计计算结果,并依据露天矿边坡场地调查以及岩土勘查相关资料,在全面考虑边坡主要岩土层特点的基础上,充分兼顾滑坡工程治理费用,对本章 6.3.1 节中两种防治方案进行综合对比、分析，计算得出其投资预估费用如表 6-3 所示。鉴于此，本书最终选择方案一作为西侧 HP1 边坡治理的优选方案，以实现对边坡防治方案的合理、有效设计。

表 6-3　两种防治方案投资预估费用对比

方案	主要工作内容	投资预估费/万元
方案一	搅拌桩+清坡+锚杆(索)+挂网喷砼+修复坡顶截水沟+绿化	约 256
方案二	钢板桩+高压喷射注浆+清坡+锚杆(索)+挂网喷砼+修复坡顶截水沟+绿化	约 283

6.4　HP1 边坡治理稳定性分析

治理后的 HP1 边坡是否稳定，是否能保证矿山的安全生产与实施，是评价边坡治理好坏的重要指标。鉴于此，本书采用本书 4.3 节中提出的边坡稳定性动态评价方法，以及边坡稳定性安全系数 F_s 计算方法，分别对治理后 HP1 边坡的稳定性状态进行分析，以检验边坡治理的可靠性和可行性。

6.4.1　治理后 HP1 边坡稳定性评价

本书在依据上述方案对边坡进行治理的基础上，通过对影响 HP1 边坡的 10 项影响因素指标参数数据进行采集，得到治理后 HP1 边坡在不同月最大降雨条件下各影响因素(评价指标)危险性评价指标值，如表 6-4 所示。

表 6-4　治理后 HP1 边坡不同月最大降雨条件下各因素危险性评价指标值

方案	X_1	X_2	X_3	X_4 /(°)	X_5 /MPa	X_6	X_7	X_8 /mm	X_9 /(°)	X_{10} /m
S_1	3	3	3	39	0.15	3	4	60	50	79.6
S_2	3	3	3	36	0.14	2	4	120	50	79.6

续表6-4

方案	X_1	X_2	X_3	X_4 /(°)	X_5 /MPa	X_6	X_7	X_8 /mm	X_9 /(°)	X_{10} /m
S_3	3	3	3	36	0.14	2	4	240	50	79.6
S_4	3	3	3	36	0.14	2	4	300	50	79.6

鉴于此,结合本书4.3节露天矿边坡稳定性动态评价模型计算方法,得到治理后HP1边坡在不同月最大降雨条件下的指标常权向量 w、变权向量 W 以及多指标测度向量 μ 分别为:

$$w = [0.0938 \quad 0.0938 \quad 0.0938 \quad 0.0938 \quad 0.0938 \quad 0.0976 \quad 0.1205 \quad 0.1205 \quad 0.0938 \quad 0.0938]$$

$$W = \begin{bmatrix} 0.0934 & 0.0934 & 0.0934 & 0.0934 & 0.0934 & 0.0971 & 0.1199 & 0.1247 & 0.0958 & 0.0955 \\ 0.0988 & 0.0988 & 0.0988 & 0.0697 & 0.0697 & 0.1028 & 0.1269 & 0.1320 & 0.1013 & 0.1011 \\ 0.0987 & 0.0987 & 0.0987 & 0.0695 & 0.0695 & 0.1026 & 0.1267 & 0.1336 & 0.1012 & 0.1009 \\ 0.0968 & 0.0968 & 0.0968 & 0.0682 & 0.1006 & 0.1243 & 0.1501 & 0.0992 & 0.0990 \end{bmatrix}$$

$$\mu = \begin{bmatrix} 0 & 0.1903 & 0.3783 & 0.4314 \\ 0 & 0.3102 & 0.4234 & 0.2664 \\ 0.0267 & 0.4105 & 0.2971 & 0.2657 \\ 0.1501 & 0.2978 & 0.2914 & 0.2607 \end{bmatrix}$$

由此,依据前述4.3节中边坡危险性等级评价的有关规定,得到治理后HP1边坡在不同月最大降雨条件下的危险性等级,都为Ⅳ级(边坡危险性较低),根据越堡露天矿边坡危险性等级分级标准,表明治理后的HP1边坡处于稳定状态。

6.4.2 治理后HP1边坡安全系数的计算及其稳定性分析

根据露天矿边坡岩土体参数特性及实际调查结果分析可知,边坡最大潜在滑动面在土层(包括冲洪积土及强风化)中产生失稳,而且呈弧形状,半径为98.757~308.388 m,最大潜在滑面深度约16.9 m。因此,本书综合考虑边坡各方面因素,采用比较便捷的圆弧形滑动面(瑞典条分法)的方法计算出相对偏安全的边坡稳定性安全系数 F_s,以评价治理后西侧HP1边坡的稳定性状态,其计算方法的基本思路:假设边坡沿土体某一圆弧面滑动,并不顾及各条块间的相互作用,仅考虑条块自重力 W_i、剪切力 T_i 以及法向力 N_i 的作用,然后建立静力平衡方程,以此计算出边坡的安全系数 F_s,其计算基本原理如图6-2(a)所示。由此,根据边坡滑动面某一条块的静力平衡方程如式(6-9)和式(6-10),以及滑动面的总滑动力矩方程如式(6-11)，总抗滑力矩方程如式(6-12)。

$$N_i = W_i \cos\alpha_i \tag{6-9}$$

$$T_i = W_i \sin\alpha_i \tag{6-10}$$

$$TR = R \sum T_i = R \sum W_i \sin\alpha_i \tag{6-11}$$

$$T'R = R \sum \tau_{fi} l_i = R \sum (\sigma_i \tan\varphi_i + c_i) l_i$$
$$= R \sum (W_i \cos\alpha_i \tan\varphi_i + c_i l_i) \tag{6-12}$$

由此，根据整个滑动面平衡力矩的基本条件，并依据式(6-13)计算出单一土层边坡的安全系数 F_s：

$$F_s = \frac{T'R}{TR} = \frac{\sum (W_i \cos\alpha_i \tan\varphi_i + c_i l_i)}{\sum W_i \sin\alpha_i} \tag{6-13}$$

而当边坡包含了多种土层时，如图6-2(b)，其安全系数 F_s 计算方法也可以参照式(6-13)进行求解，但应充分考虑边坡土层实际，依据式(6-14)计算出其安全系数 F_s：

$$F_s = \frac{\sum [b_i(\gamma_{1i}h_{1i} + \gamma_{2i}h_{2i} + \cdots + \gamma_{mi}h_{mi}) \cos\alpha_i \tan\varphi_i + c_i l_i]}{\sum b_i(\gamma_{1i}h_{1i} + \gamma_{2i}h_{2i} + \cdots + \gamma_{mi}h_{mi}) \sin\alpha_i} \tag{6-14}$$

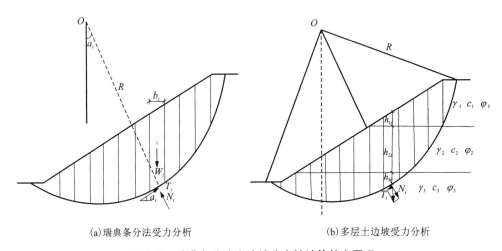

(a)瑞典条分法受力分析　　　　　　　　(b)多层土边坡受力分析

图6-2　瑞典条分法土边坡稳定性计算基本原理

此外，根据前述章节调查研究及分析的结果可知，由于边坡体上没有其他建

（构）筑物等所产生的附加荷载，以及其他的动荷载，边坡体仅包含了其自重及渗流水等所产生的荷载。因此，在计算边坡稳定性安全系数 F_s 时，还应充分考虑孔隙水压力的影响，由此得到如（6-15）式所示的安全系数 F_s 计算公式：

$$F_s = \frac{\sum \{[b_i(\gamma_{1i}h_{1i} + \gamma_{2i}h_{2i} + \cdots + \gamma_{mi}h_{mi})\cos\alpha_i - U_il_i]\tan\varphi_i + c_il_i\}}{\sum b_i(\gamma_{1i}h_{1i} + \gamma_{2i}h_{2i} + \cdots + \gamma_{mi}h_{mi})\sin\alpha_i}$$

$$(6-15)$$

在以上公式中：$W_i = b_ih_i \times \gamma_i$；$U_i = \frac{1}{2}\gamma_w(h_{wi} + h_{w,\,i-1})l_i$

F_s——安全系数；

c_i——第 i 条块滑面黏聚力（kPa）；

φ_i——第 i 条块滑面内摩擦角（°）；

l_i——第 i 条块弧长（m）；

α_i——第 i 条块滑面倾角（°）；

U_i——第 i 条块单位宽总水压力（kN/m）；

W_i——第 i 条块单位宽岩土体自重（kN/m）；

h_{wi}、$h_{w,\,i-1}$——第 i 及 $i-1$ 条块滑面前端水头高（m）；

γ_i——水重度，取 10 kN/m³；

i——条块号，从后方起编；

m——条块的数量。

由此，根据上述所选择的边坡治理方案及其安全系数的计算方法，得到不同工况下治理后的西侧 HP1 边坡稳定性安全系数 F_s，如表 6-5 所示。

表 6-5　治理后 HP1 边坡稳定性安全系数计算结果

边坡名称	计算工况	安全系数 F_s
HP1	设计Ⅰ工况：自重	1.484
	设计Ⅱ工况：自重+地下水	1.341
	校核工况Ⅲ：自重+暴雨+地下水	1.315

通过计算并参考勘查报告可知，现阶段边坡处于基本稳定状态，但是在暴雨作用下，边坡将由基本稳定逐渐朝着不稳定状态转变。但随着对西侧 HP1 边坡

治理的进一步深入，其稳定性在满足工况 I 安全系数 1.40 或工况 II 安全系数 1.20 的前提下，得到其校核工况 III 下的安全系数 $F_s > 1.10$。由此可以看出，本次边坡工程治理方案的效果达到了矿山边坡安全设计规范的要求，边坡稳定。

依据上述评价等级及计算结果可以看出，上述两种方法在评价治理后 HP1 边坡稳定性方面具有较强的可行性和可靠性，能够满足对越堡露天矿山的日常安全生产和管理。此外，采用边坡稳定性安全系数 F_s 的方法也验证了本书所建立的边坡危险性动态评价模型的可行性，具有较强的实用价值。

参考文献

[1] 孙玉科，姚宝魁，许兵. 矿山边坡稳定性研究的回顾与展望[J]. 工程地质学报，1998，6
 （4）：305-311.

[2] 徐伟伟. 金属非金属矿山事故规律分析与防治对策研究[J]. 金属矿山，2013，42（10）：
 140-143.

[3] 李军. 金属非金属露天矿山边坡安全管理建议[J]. 金属矿山，2010，V39（10）：172-175.

[4] 中华人民共和国国务院. 国务院关于加强地质灾害防治工作的决定[J]. 西宁市人民政府
 公报，2011（12）：4-8.

[5] Chae B G, Park H J, Catani F, et al. Landslide prediction, monitoring and early warning: a
 concise review of state-of-the-art[J]. Geosciences Journal, 2017, 21(6): 1033-1070.

[6] 赵永红，王航，张琼，等. 滑坡位移监测方法综述[J]. 地球物理学进展，2018，33（6）：
 2606-2612.

[7] 秦秀山，张达，曹辉. 露天采场高陡边坡监测技术研究现状与发展趋势[J]. 中国矿业，
 2017，26（3）：107-111.

[8] 董文文，朱鸿鹄，孙义杰，等. 边坡变形监测技术现状及新进展[J]. 工程地质学报，2016，
 24（6）：1088-1095.

[9] 冯春，张军，李世海，等. 滑坡变形监测技术的最新进展[J]. 中国地质灾害与防治学报，
 2011，22（1）：11-16.

[10] 孙华芬. 尖山磷矿边坡监测及预测预报研究[D]. 昆明：昆明理工大学，2014.

[11] 岳建平，曾宝庆，郭腾龙，等. GB-Radar与测量机器人数据融合方法研究[J]. 测绘通报，
 2014（10）：33-35.

[12] Manconi A, Allasia P, Giordan D, et al. Landslide 3D Surface Deformation Model Obtained Via
 RTS Measurements [M]. Landslide Science and Practice. Springer Berlin Heidelberg,

2013：431-436.

[13]徐茂林，张贺，李海铭，等. 基于测量机器人的露天矿边坡位移监测系统[J]. 测绘科学，2015，40(1)：38-41.

[14]宁殿民，赵晓东，胡军. 弓长岭露天矿排岩场边坡变形观测方法[J]. 辽宁工程技术大学学报(自然科学版)，2017(2)：132-136.

[15]Kim D, Langley R B, Bond J, et al. Local deformation monitoring using GPS in an open pit mine：initial study[J]. Gps Solutions, 2003, 7(3)：176-185.

[16]赵海军，马凤山，郭捷，等. 龙首矿露天转地下开采对边坡岩体稳定性的影响[J]. 煤炭学报，2011，36(10)：1635-1641.

[17]王劲松，陈正阳，梁光华. GPS 一机多天线公路高边坡实时监测系统研究[J]. 岩土力学，2009，30(5)：1532-1536.

[18]Wang G, Kearns T J, Yu J, et al. A stable reference frame for landslide monitoring using GPS in the Puerto Rico and Virgin Islands region[J]. Landslides, 2014, 11(1)：119-129.

[19]Xiao R, He X. Real-time landslide monitoring of Pubugou hydropower resettlement zone using continuous GPS[J]. Natural Hazards, 2013, 69(3)：1647-1660.

[20]许波，谢谟文，胡嫚. 基于 GIS 空间数据的滑坡 SPH 粒子模型研究[J]. 岩土力学，2016(9)：2696-2705.

[21]James N, Sitharam T G. Assessment of Seismically Induced Landslide Hazard for the State of Karnataka Using GIS Technique[J]. Journal of the Indian Society of Remote Sensing, 2014, 42(1)：73-89.

[22]刘军，王鹤，王秋玲，等. 无人机遥感技术在露天矿边坡测绘中的应用[J]. 红外与激光工程，2016，45(S1)：111-114.

[23]Akbar T A, Ha S R. Landslide hazard zoning along Himalayan Kaghan Valley of Pakistan——by integration of GPS, GIS, and remote sensing technology[J]. Landslides, 2011, 8(4)：527-540.

[24]李蕾，黄玫，刘正佳，等. 基于 RS 与 GIS 的毕节地区滑坡灾害危险性评价[J]. 自然灾害学报，2011，20(2)：177-182.

[25]韩亚，王卫星，李双，等. 基于三维激光扫描技术的矿山滑坡变形趋势评价方法[J]. 金属矿山，2014，43(8)：103-107.

[26]马俊伟，唐辉明，胡新丽，等. 三维激光扫描技术在滑坡物理模型试验中的应用[J]. 岩土力学，2014(5)：1495-1505.

[27]徐进军，王海城，罗喻真，等. 基于三维激光扫描的滑坡变形监测与数据处理[J]. 岩土力学，2010，31(7)：2188-2191.

［28］Zeybek M，.anlıolu. Accurate determination of the Taşkent（Konya，Turkey）landslide using a long-range terrestrial laser scanner［J］. Bulletin of Engineering Geology and the Environment，2015，74（1）：61-76.

［29］Marsella M，D'Aranno P J V，Scifoni S，et al. Terrestrial laser scanning survey in support of unstable slopes analysis：the case of Vulcano Island（Italy）［J］. Natural Hazards，2015，78（1）：443-459.

［30］刘小阳，孙广通，李峰，等. 地基 SAR 基坑微形变监测方法研究［J］. 红外与激光工程，2018，47（3）：1-7.

［31］Achache J，Fruneau B，Delacourt C. Applicability of SAR interferometry for operational monitoring of landslides［C］. Proceedings of the 2nd ERS Applications Workshop. London：1995：165-168.

［32］Nishiguchi T，Tsuchiya S，Imaizumi F. Detection and accuracy of landslide movement by InSAR analysis using PALSAR-2 data［J］. Landslides，2017，14（4）：1-8.

［33］Xie M，Huang J，Wang L，et al. Early landslide detection based on D-InSAR technique at the Wudongde hydropower reservoir［J］. Environmental Earth Sciences，2016，75（8）：1-13.

［34］Liao M S，Tang J，Wang T，et al. Landslide monitoring with high-resolution SAR data in the Three Gorges region［J］. Scienle China Eartb Seienles，2012，55（4）：590-601.

［35］高斌斌，江利明，孙亚飞，等. 大型人工边坡稳定性地基 InSAR 监测研究［J］. 遥感信息，2016，31（6）：61-67.

［36］杨红磊，彭军还，崔洪曜. GB-InSAR 监测大型露天矿边坡形变［J］. 地球物理学进展，2012，27（4）：1804-1811.

［37］王德咏，葛修润，罗先启，等. 基于改进 DLT 算法的数字近景摄影测量［J］. 上海交通大学学报，2011（s1）：16-20.

［38］Alameda-Hernández P，Hamdouni R E，Irigaray C，et al. Weak foliated rock slope stability analysis with ultra-close-range terrestrial digital photogrammetry［J］. Bulletin of Engineering Geology & the Environment，2017（4）：1-15.

［39］González-Díez A，Fernández-Maroto G，Doughty M W，et al. Development of a methodological approach for the accurate measurement of slope changes due to landslides，using digital photogrammetry［J］. Landslides，2014，11（4）：1-14.

［40］李欣，李树文，王树根，等. 数字近景摄影测量在高速公路边坡物理模型变形测量中的应用［J］. 测绘科学，2011，36（5）：209-210.

［41］王建雄. 数字近景摄影测量在库区高边坡监测中的应用［J］. 测绘与空间地理信息，2012，35（12）：9-11.

[42]Angeli M G, Pasuto A, Silvano S. A critical review of landslide monitoring experiences[J]. Engineering Geology, 2000, 55(3): 133-147.

[43]Sui W, Zheng G. An experimental investigation on slope stability under drawdown conditions using transparent soils[J]. Bulletin of Engineering Geology & the Environment, 2017: 1-9.

[44]高杰, 尚岳全, 孙红月, 等. CCD 微变形监测技术在边坡远程监控中的应用[J]. 岩土力学, 2011, 32(4): 1269-1272.

[45]谭捍华, 傅鹤林. TDR 技术在公路边坡监测中的应用试验[J]. 岩土力学, 2010, 31(4): 1331-1336.

[46]唐然, 汪家林, 范宣梅. TDR 技术在滑坡监测中的应用[J]. 地质灾害与环境保护, 2007, 18(1): 105-110.

[47]Echuan Y, Kun S, Honggang L. Applicability of Time Domain Reflectometry for Yuhuangge Landslide Monitoring[J]. Journal of Earth Science, 2010, 21(6): 856-860.

[48]Wang B J, Ke L, Shi B, et al. Test on application of distributed fiber optic sensing technique into soil slope monitoring.[J]. Landslides, 2009, 6(1): 61-68.

[49]Yan J F, Shi B, Ansari F, et al. Analysis of the strain process of soil slope model during infiltration using BOTDA[J]. Bulletin of Engineering Geology & the Environment, 2016: 1-13.

[50]Wang Y L, Shi B, Zhang T L, et al. Introduction to an FBG-based inclinometer and its application to landslide monitoring[J]. Journal of Civil Structural Health Monitoring, 2015, 5(5): 645-653.

[51]Zhu H H, Shi B, Yan J F, et al. Investigation of the evolutionary process of a reinforced model slope using a fiber-optic monitoring network[J]. Engineering Geology, 2015, 186: 34-43.

[52]Sun Y J, Zhang D, Shi B, et al. Distributed acquisition, characterization and process analysis of multi-field information in slopes[J]. Engineering Geology, 2014, 182: 49-62.

[53]刘永莉, 尚岳全, 于洋. BOTDR 技术在边坡表面变形监测中的应用[J]. 吉林大学学报(地), 2011, 41(3): 777-783.

[54]易贤龙, 唐辉明, 吴益平, 等. PPP-BOTDA 分布式光纤技术在白水河滑坡监测中的应用[J]. 岩石力学与工程学报, 2016(a01): 3084-3091.

[55]裴华富, 殷建华, 朱鸿鹄, 等. 基于光纤光栅传感技术的边坡原位测斜及稳定性评估方法[J]. 岩石力学与工程学报, 2010, 29(8): 1570-1576.

[56]Abdoun T, Bennett V, Danisch L, et al. Real-Time Construction Monitoring with a Wireless Shape-Acceleration Array System[J]. Geotechnical Special Publication, 2008(179): 533-540.

[57]Bennett V, Abdoun T, Danisch L, et al. Unstable Slope Monitoring with a Wireless Shape-Acceleration Array System[C]// 7th FMGM 2007@ sField Measurements in Geomechanics.

ASCE, 2007: 1-12.

[58]陈贺, 李亚军, 房锐, 等. 滑坡深部位移监测新技术及预警预报研究[J]. 岩石力学与工程学报, 2015(S2): 4063-4070.

[59]邱冬炜, 祝思君, 王来阳, 等. 利用阵列式位移传感系统进行地质灾害深部位移动态监测与分析[J]. 测绘通报, 2018(3): 122-126.

[60]张飞, 孟祥甜, 温贺兴. 露天矿边坡监测方法研究[J]. 煤炭科技, 2014(1): 15-19.

[61]Dixon N, Spriggs M P, Smith A, et al. Quantification of reactivated landslide behaviour using acoustic emission monitoring[J]. Landslides, 2015, 12(3): 549-560.

[62]熊文, 万毅宏, 侯训田, 等. 声发射信号预测山体滑坡基础性试验研究[J]. 东南大学学报(自然科学版), 2016, 46(1): 184-190.

[63]Dai F, Li B, Xu N, et al. Microseismic Monitoring of the Left Bank Slope at the Baihetan Hydropower Station, China[J]. Rock Mechanics & Rock Engineering, 2016, 50(1): 1-8.

[64]高键, 吴基昌, 殷成革. 微震技术监测岩质边坡稳定性的工程实践[J]. 人民长江, 2011, 42(14): 72-76.

[65]殷建华, 丁晓利, 杨育文, 等. 常规仪器与全球定位仪相结合的全自动化遥控边坡监测系统[J]. 岩石力学与工程学报, 2004, 23(3): 357-364.

[66]田坤, 陈锬, 宋华山, 等. GPS与水准测量相结合在景阳滑坡监测中的应用[J]. 人民长江, 2015, 34(14): 94-97.

[67]罗勇, 唐华伟, 管贵平, 等. 基于综合监测技术的大型岩堆边坡防治研究[J]. 中外公路, 2016(6): 9-13.

[68]Mateos R M, Azañón J M, Roldán F J, et al. The combined use of PSInSAR and UAV photogrammetry techniques for the analysis of the kinematics of a coastal landslide affecting an urban area (SE Spain)[J]. Landslides, 2016, 14(2): 1-12.

[69]Yin Y, Zheng W, Liu Y, et al. Integration of GPS with InSAR to monitoring of the Jiaju landslide in Sichuan, China[J]. Landslides, 2010, 7(3): 359-365.

[70]Akbarimehr M, Motagh M, Haghshenashaghighi M. Slope Stability Assessment of the Sarcheshmeh Landslide, Northeast Iran, Investigated Using InSAR and GPS Observations[J]. Remote Sensing, 2013, 5(8): 3681-3700.

[71]王桂杰, 谢谟文, 邱骋, 等. 差分干涉合成孔径雷达技术在广域滑坡动态辨识上的实验研究[J]. 北京科技大学学报, 2011, 33(2): 131-141.

[72]范青松, 汤翠莲, 陈于, 等. GPS与InSAR技术在滑坡监测中的应用研究[J]. 测绘科学, 2006, 31(5): 60-62.

[73]Li Y, Chen G, Wang B, et al. A new approach of combining aerial photography with satellite

imagery for landslide detection[J]. Natural Hazards, 2013, 66(2): 649-669.

[74] Macciotta R, Hendry M, Martin C D. Developing an early warning system for a very slow landslide based on displacement monitoring[J]. Natural Hazards, 2016, 81(2): 1-21.

[75] Topal T, Hatipoglu O. Assessment of slope stability and monitoring of a landslide in the Koyulhisar settlement area (Sivas, Turkey)[J]. Environmental Earth Sciences, 2015, 74(5): 4507-4522.

[76] Rahul, Khandelwal M, Rai R, et al. Evaluation of dump slope stability of a coal mine using artificial neural network [J]. Geomechanics and Geophysics for Geo - Energy and Geo - Resources, 2015, 1(3-4): 69-77.

[77] 谭翀, 陆愈实, 车恒. 集对分析法在露天采石场安全评价及预测中的应用[J]. 安全与环境学报, 2016, 16(3): 25-29.

[78] 栾婷婷, 谢振华, 张雪冬. 露天矿山高陡边坡稳定性分析及滑坡预警技术[J]. 中国安全生产科学技术, 2013, 9(4): 11-16.

[79] 杨天鸿, 张锋春, 于庆磊, 等. 露天矿高陡边坡稳定性研究现状及发展趋势[J]. 岩土力学, 2011, 32(5): 1437-1451.

[80] 王玉平, 曾志强, 潘树林. 边坡稳定性分析方法综述[J]. 西华大学学报(自然科学版), 2012, 31(2): 101-105.

[81] 王飞. 边坡稳定性评价方法及发展趋势[J]. 岩土工程技术, 2004, 18(2): 103-106.

[82] 夏元友, 李梅. 边坡稳定性评价方法研究及发展趋势[J]. 岩石力学与工程学报, 2002, 21(7): 1087-1091.

[83] 方建瑞, 朱合华, 蔡永昌. 边坡稳定性研究方法与进展[J]. 地下空间与工程学报, 2007, 3(2): 343-349.

[84] 周海清, 刘东升, 陈正汉. 工程类比法及其在滑坡治理工程中的应用[J]. 地下空间与工程学报, 2008, 4(6): 1056-1060.

[85] 吴海真, 顾冲时. 联合运用改进的极限平衡法和动态规划法分析边坡稳定性[J]. 水利学报, 2007, 38(10): 1272-1277.

[86] 杨海平. 基于改进的传递系数法滑坡稳定性分析[J]. 水电能源科学, 2013(5): 138-139.

[87] 陈祖煜, 弥宏亮, 汪小刚. 边坡稳定三维分析的极限平衡方法[J]. 岩土工程学报, 2001, 23(5): 525-529.

[88] Liu S Y, Shao L T, Li H J. Slope stability analysis using the limit equilibrium method and two finite element methods[J]. Computers & Geotechnics, 2015, 63(63): 291-298.

[89] Bretas E M, Léger P, Lemos J V. 3D stability analysis of gravity dams on sloped rock foundations using the limit equilibrium method[J]. Computers & Geotechnics, 2012, 44(3):

147-156.

[90]Faramarzi L, Zare M, Azhari A, et al. Assessment of rock slope stability at Cham-Shir Dam Power Plant pit using the limit equilibrium method and numerical modeling[J]. Bulletin of Engineering Geology & the Environment, 2016: 1-12.

[91]Kelesoglu M K. The evaluation of three-dimensional effects on slope stability by the strength reduction method[J]. Ksce Journal of Civil Engineering, 2015, 20(1): 1-14.

[92]Zhang, P. Progressive failure analysis of slope with strain-softening behaviour based on strength reduction method [J]. Journal of Zhejiang University - Science A (Applied Physics & Engineering), 2013, 14(2): 101-109.

[93]郑颖人, 赵尚毅. 有限元强度折减法在土坡与岩坡中的应用[J]. 岩石力学与工程学报, 2004, 23(19): 3381-3388.

[94]郑卫锋, 魏锋先, 李星. 大连某高边坡工程的变形与稳定研究[J]. 工程勘察, 2011, 39(1): 25-28.

[95] 王卫华, 李夕兵. 离散元法及其在岩土工程中的应用综述[J]. 岩土工程技术, 2005, 19(4): 177-181.

[96]Espada M, Muralha J, Lemos J V, et al. Safety Analysis of the Left Bank Excavation Slopes of Baihetan Arch Dam Foundation Using a Discrete Element Model[J]. Rock Mechanics & Rock Engineering, 2018(3): 1-19.

[97]沈华章, 郭明伟, 王水林, 等. 基于离散元的边坡矢量和稳定分析方法研究[J]. 岩土力学, 2016, 37(2): 592-600.

[98] 刘继国, 曾亚武. FLAC3D 在深基坑开挖与支护数值模拟中的应用[J]. 岩土力学, 2006, 27(3): 505-508.

[99] Sarkar K, Singh T N, Verma A K. A numerical simulation of landslide-prone slope in Himalayan region—a case study[J]. Arabian Journal of Geosciences, 2012, 5(1): 73-81.

[100]Singh R, Umrao R K, Singh T N. Hill slope stability analysis using two and three dimensions analysis: A comparative study[J]. Journal of the Geological Society of India, 2017, 89(3): 295-302.

[101]石露, 李小春, 白冰, 等. 降雨条件下露天平台边坡的稳定性研究[J]. 岩土力学, 2012, 33(5): 1519-1526.

[102]Miki S, Sasaki T, Ohnishi Y, et al. Application of NMM-DDA to earthquake induced slope failure and landslide[J]. Nihon Kyukyu Igakukai Zasshi, 2013, 24(3): 132-140.

[103]王述红, 高红岩, 张紫杉. 基于重度增加法的岩坡破坏过程流形元分析[J]. 东北大学学报(自然科学版), 2016, 37(3): 403-407.

[104]张国新, 赵妍, 石根华, 等. 模拟岩石边坡倾倒破坏的数值流形法[J]. 岩土工程学报, 2007, 29(6): 800-805.

[105]Jiang Y, Venturini W S. A general boundary element method for analysis of slope stability [C]// Computational civil and structural engineering. Civil-Comp press, 2000: 191-196.

[106]邓琴, 郭明伟, 李春光, 等. 基于边界元法的边坡矢量和稳定分析[J]. 岩土力学, 2010, 31(6): 1971-1976.

[107]张浮平, 曹子君, 唐小松, 等. 基于蒙特卡罗模拟的高效边坡可靠度修正方法[J]. 工程力学, 2016, 33(7): 55-64.

[108]Li L, Chu X. Locating the Multiple Failure Surfaces for Slope Stability Using Monte Carlo Technique[J]. Geotechnical & Geological Engineering, 2016: 1-12.

[109]康海贵, 李炜. 边坡稳定安全系数及其与土性参数及失效概率关系研究[J]. 大连理工大学学报, 2008, 48(6): 856-862.

[110]李亮, 褚雪松, 郑榕明. Rosenblueth 法在边坡可靠度分析中的应用[J]. 水利水电科技进展, 2012, 32(3): 53-55.

[111]Haneberg W C. Incorporating Correlated Variables into GIS-Based Probabilistic Submarine Slope Stability Assessments[M]. Submarine Mass Movements and their Consequences. Springer International Publishing, 2016: 529-536.

[112]李典庆, 肖特, 曹子君, 等. 基于高效随机有限元法的边坡风险评估[J]. 岩土力学, 2016, 37(7): 1994-2003.

[113]肖先煊, 夏克勤, 许模, 等. 三峡库区某滑坡稳定性模型试验研究[J]. 工程地质学报, 2013, 21(1): 45-52.

[114]Chi Li, De Yao, Zhong Wang, et al. Model test on rainfall-induced loess – mudstone interfacial landslides in Qingshuihe, China [J]. Environmental Earth Sciences, 2016, 75 (9): 1-18.

[115]Lai X P, Shan P F, Cai M F, et al. Comprehensive evaluation of high-steep slope stability and optimal high-steep slope design by 3D physical modeling[J]. International Journal of Minerals, Metallurgy and Materials, 2015, 22(1): 1-11.

[116]Zheng Y, Chen C, Liu T, et al. Slope failure mechanisms in dipping interbedded sandstone and mudstone revealed by model testing and distinct-element analysis[J]. Bulletin of Engineering Geology & the Environment, 2017(2): 49-68.

[117]Manouchehrian A, Gholamnejad J, Sharifzadeh M. Erratum to: Development of a model for analysis of slope stability for circular mode failure using genetic algorithm[J]. Environmental Earth Sciences, 2014, 71(3): 1279-1280.

[118] Raihan T M, Mohammad K, Mahdiyeh E. A new hybrid algorithm for global optimization and slope stability evaluation[J]. Journal of Central South University, 2013, 20(11): 3265-3273.

[119] Choobbasti A J, Farrokhzad F, Barari A. Prediction of slope stability using artificial neural network (case study: Noabad, Mazandaran, Iran)[J]. Arabian Journal of Geosciences, 2009, 2(4): 311-319.

[120] Rahul, Khandelwal M, Rai R, et al. Evaluation of dump slope stability of a coal mine using artificial neural network[J]. Geomechanics and Geophysics for Geo-Energy and Geo-Resources, 2015, 1(3-4): 69-77.

[121] 王新民, 康虔, 秦健春, 等. 层次分析法-可拓学模型在岩质边坡稳定性安全评价中的应用[J]. 中南大学学报(自然科学版), 2013, 44(6): 2455-2462.

[122] 秦植海, 秦鹏. 高边坡稳定性评价的模糊层次与集对分析耦合模型[J]. 岩土工程学报, 2010, 32(5): 706-711.

[123] 陈孝国, 边晓菲, 母丽华, 等. 基于混合型动态决策理论的露天矿边坡危险度评价[J]. 灾害学, 2015(4): 34-38.

[124] 何利平, 许世龙, 等. 广州市越堡水泥有限公司青龙岗石灰石矿采场西坡中段滑坡治理工程勘查报告[R]. 广州: 广东省有色金属地质局九四队, 2016.

[125] 蔡路军, 马建军, 周余奎, 等. 岩质高边坡稳定性变形监测及应用[J]. 金属矿山, 2005 (8): 46-48.

[126] 赵慧, 甘仲惟, 肖明. 多变量统计数据中异常值检验方法的探讨[J]. 华中师范大学学报 (自然科学版), 2003, 37(2): 133-137.

[127] 毋红军, 刘章. 统计数据的异常值检验[J]. 华北水利水电学院学报, 2003(1): 72-75.

[128] 杨皓翔, 李涛, 张招金, 等. 基于拉格朗日插值法的新陈代谢模型在边坡位移监测中的应用[J]. 安全与环境工程, 2017(2): 33-38.

[129] 文辉辉, 杨鹏. 基于Hermite插值法的GM(1, 1)模型在软基地表沉降预测中的应用[J]. 水运工程, 2015(3): 47-51.

[130] 刘永来, 段永宝, 官立祥. 三次样条插值方法及其在形变数据预处理中的应用[J]. 勘察科学技术, 2017(06): 51-54.

[131] 王建民, 苏巧梅, 杜孙稳. Kriging空间插值方法在地表形变监测中的应用[J]. 中国土地科学, 2013(12): 87-90.

[132] Bogaert P. Comparison of kriging techniques in a space-time context[J]. Mathematical Geology, 1996, 28(1): 73-86.

[133] Liu Y, Chen Z, Hu B D, et al. A non-uniform spatiotemporal kriging interpolation algorithm for landslide displacement data[J]. Bulletin of Engineering Geology and the Environment,

2018：1-14.

[134]Gerber F，De J R，Schaepman M E，et al. Predicting Missing Values in Spatio-Temporal Remote Sensing Data[J]. IEEE Transactions on Geoscience and Remote Sensing，2018：1-13.

[136] 王建民. 矿山边坡变形监测数据的高斯过程智能分析与预测[D]. 太原：太原理工大学，2016.

[136]许美玲，邢通，韩敏. 基于时空 Kriging 方法的时空数据插值研究[J]. 自动化学报，2018.44：1-8.

[137] Ahmed S O，Mazloum R，Abou-Ali H . Spatiotemporal interpolation of air pollutants in the Greater Cairo and the Delta，Egypt[J]. Environmental Research，2018，160：27-34.

[138]段悦，舒红，胡泓达. 利用 MODIS 温度产品进行秩修正滤波 FRF 时空插值[J]. 武汉大学学报(信息科学版)，2016，41(8)：1027-1033.

[139] 陈鼎新，刘代志，曾小牛，等. 时空 Kriging 算法在区域地磁场插值中的应用及改进[J]. 地球物理学报，2016，59(5)：1743-1752.

[140]李长洪，范丽萍，张吉良，等. 卡尔曼滤波在大型深凹露天矿边坡变形监测预测中的应用[J]. 工程科学学报，2010，32(1)：8-13.

[141]黄丹，史秀志，邱贤阳，等. 基于多层次未确知测度-集对分析的岩质边坡稳定性分级体系[J]. 中南大学学报(自然科学版)，2017，48(4)：1057-1064.

[142]张勇慧，李红旭，盛谦，等. 基于模糊综合评判的公路岩质边坡稳定性分级研究[J]. 岩土力学，2010，31(10)：3151-3156.

[143]张菊连，沈明荣. 高速公路边坡稳定性评价新方法[J]. 岩土力学，2011，32(12)：3623-3629.

[144]朱玉平，莫海鸿. 灰关联分析法在岩质边坡稳定性评价中的应用[J]. 岩石力学与工程学报，2004，23(6)：915-919.

[145]何书，陈飞. 基于直觉模糊集 TOPSIS 决策方法的滑坡稳定性评价[J]. 中国地质灾害与防治学报，2016，27(3)：22-28.

[146]沈世伟，倓磊，徐燕. 不同权重条件下降雨对边坡稳定性影响的二级模糊综合评判[J]. 吉林大学学报(地球科学版)，2012，42(3)：777-784.

[147]赵建华，陈汉林，杨树锋，等. 滑坡危险性评价中关键因素的筛选[J]. 自然灾害学报，2008，17(2)：87-92.

[148]张艳博，张国锋，田宝柱，等. 露天煤矿边坡稳态影响因子敏感性分析及滑坡控制对策[J]. 煤炭工程，2011，1(5)：105-107.

[149]赵彬，李小贝，戴兴国，等. 基于变权重理论的边坡稳定性未确知分析[J]. 黄金科学技术，2016(6)：90-95.

［150］刘端伶，谭国焕，李启光，等. 岩石边坡稳定性和 Fuzzy 综合评判法［J］. 岩石力学与工程学报，1999，18(02)：170-175.

［151］李锐，黄永刚，付东，等. 流域生态指标综合筛选方法的研究和应用［J］. 环境工程，2017(12)：166-170.

［152］王 辉，赵霞霞，司晓悦. 高校中层领导干部考核指标体系研究——基于德尔菲法和层次分析法的应用［J］. 东北大学学报(社会科学版)，2019(3)：195-201.

［153］朱纪忠，王萍，杨晓斌. 基于改进灰色关联度的指标体系构建方法［J］. 价值工程，2013(7)：4-7.

［154］张磬，汪宇倩，姜宁，等. 基于改进灰色关联度的配电网调控水平评价指标筛选方法［J］. 电力系统及其自动化学报，2018(11)：64-69.

［155］曲朝阳，王冲，王蕾，等. 智能用电环境下的家庭电力能效评估指标体系［J］. 华东电力，2014，42(6)：1079-1083.

［156］游海燕. 评价指标体系的优化研究及实现［J］. 科技管理研究，2009，29(12)：128-130.

［157］刘强，胡斌，蒋海飞，等. 基于强度折减法的露采边坡稳定性分析［J］. 金属矿山，2013(5)：49-52.

［158］邹长武. 湖南省浏醴高速公路板岩边坡的破坏模式及其处治研究［D］. 长沙：长沙理工大学，2012.

［159］郭庆彪. 煤矿老采空区上方高速公路建设安全性评价及其关键技术研究［D］. 徐州：中国矿业大学，2017.

［160］Xiao H P，Guo G L，Liu W. Hazard degree identification and coupling analysis of the influencing factors on goafs［J］. Arabian Journal of Geosciences，2017，10(3)：68.1-13.

［161］栾婷婷，谢振华，等. 基于未确知测度理论的排土场滑坡风险评价模型［J］. 中南大学学报(自然科学版)，2014(5)：1612-1617.

［162］王卫东，李俊杰，等. 基于未确知测度的公路交通效率评价［J］. 浙江大学学报(工学版)，2016(1)：48-54.

［163］Liu A H，Dong L，Dong L J. Optimization model of unascertained measurement for underground mining method selection and its application［J］. Journal of Central South University，2010，17(4)：744-749.

［164］刘开第，曹庆奎，庞彦军. 基于未确知集合的故障诊断方法［J］. 自动化学报，2004，30(5)：747-756.

［165］Allaire D，Willcox K. Uncertainty assessment of complex models with application to aviation environmental policy-making［J］. Transport Policy，2014，34(4)：109-113.

［166］Zhao J N，Shi L N，Zhang L. Application of improved unascertained mathematical model in security evaluation of civil airport[J]. International Journal of System Assurance Engineering & Management, 2017, 8(3): 1-12.

[167] Li H, Qin K, Li P. Selection of project delivery approach with unascertained model[J]. Kybernetes, 2015, 44(2): 238-252.

[168] Mafakheri F, Dai L, Slezak D, et al. Project Delivery System Selection under Uncertainty: Multicriteria Multilevel Decision Aid Model[J]. Journal of Management in Engineering, 2007, 23(4): 200-206.

[169] 陈建莉. 基于未确知数学的网络安全风险评估模型[J]. 空军工程大学学报(自然科学版), 2014, 15(2): 91-94.

[170] Huang H. Evaluate enterprise resource planning based on rough-set unascertained model[C]// Robotics and Applications. IEEE, 2012: 506-510.

[171] 朱玉平, 莫海鸿. 灰关联分析法在岩质边坡稳定性评价中的应用[J]. 岩石力学与工程学报, 2004, 23(6): 915-919.

[172] 黄丹, 史秀志, 邱贤阳, 等. 基于多层次未确知测度-集对分析的岩质边坡稳定性分级体系[J]. 中南大学学报(自然科学版), 2017, 48(4): 1057-1064.

[173] 王新民, 李天正, 陈秋松, 等. 基于变权重理论和TOPSIS的充填方式优选[J]. 中南大学学报(自然科学版), 2016(1): 198-203.

[174] 王光远. 未确知信息及其数学处理[J]. 哈尔滨建筑大学学报, 1990(4): 1-9.

[175] 陈春苗. 基于未确知测度理论的生态城市建设评价方法研究[D]. 天津: 天津大学, 2013.

[176] 康虔, 王新民, 张钦礼, 等. VW-UM模型在采场稳定性评价中的应用[J]. 中国安全科学学报, 2015, 25(7): 128-134.

[177] 杨茜. 边坡稳定性预测的改进熵权-功效系数法模型[J]. 人民黄河, 2016, 38(4): 109-112.

[178] 邵佳, 黄渊基. 基于变权未确知测度理论的西部欠发达地区生态风险评价研究[J]. 西安财经学院学报, 2017, 30(5): 26-33.

[179] 杨波. 边坡变形监测方案[EB/OL]. https://wenku.baidu.com/view/96887fa4f5335a8103d2206c.html.

[180] 杨振杰. 边坡位移监测与控制[J]. 中国矿山工程, 2006(4): 43-46.

[181] 中华人民共和国国土资源部. 滑坡防治工程勘查规范: DZ/T0218-2006[S]. 北京: 中国标准出版社, 2006: 3-5.

[182] 中华人民共和国国土资源部. 滑坡防治工程设计与施工技术规范: DZ/T0219-2006[S]. 北京: 中国标准出版社, 2006: 11.

146

[183]中华人民共和国国土资源部. 滑坡防治工程设计与施工技术规范：DZ/T0219-2006[S].
北京：中国标准出版社，2006：15.

[184]中华人民共和国水利部. 渠道防渗工程设计规范：SL 18-2004[S]. 北京：中国标准出版
社，2004：33.

[185]中华人民共和国住房和城乡建设部. 混凝土结构设计规范：GB 50010-2010[S]. 北京：
中国建筑工业出版社，2015：18.

[186]中华人民共和国住房和城乡建设部. 建筑基坑支护技术规程：JGJ 120-2012[S]. 北京：
中国建筑工业出版社，2012：73.